一個琺瑯盒
無奶油安心甜滋味

只要有一個琺瑯盒…

細細挑選每一種材料，親手作，
心裡一邊想著即將品嚐的人，一邊製作糕點。
烘焙點心，不僅僅只是
享用新鮮剛出爐糕點時的快樂，
更是在日常生活中一段極爲珍貴的時光。
使用琺瑯盒代替糕點烤模，
讓生活中如此美妙的時間，更容易貼近。

不需要特別的材料。
不需要高價的道具。
自家廚房，不添加任何多餘的成分，
爲了家人所做的點心。
這就是可以被稱爲
『對身體友善』的安心甜滋味。

目錄

1 不使用奶油的點心

渡辺真紀老師

2 豆腐與豆渣的點心

中川多磨老師

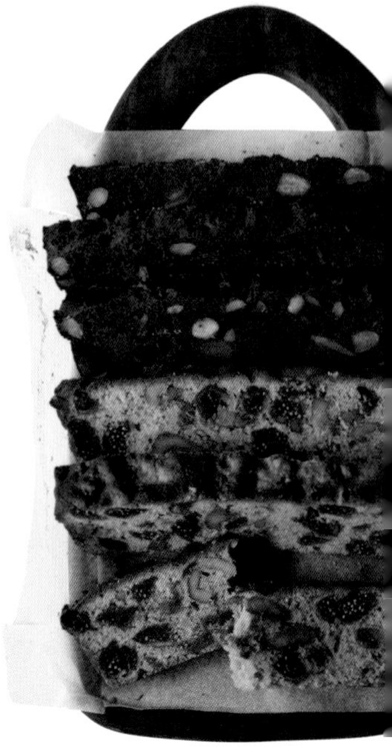

4 水果乾製作的點心

桑原奈津子老師

5 黃豆粉與芝麻的點心

『tiroir』高吉洋江老師

3 豆漿點心

『蛙食堂』松本朱希子老師

◎本書的一些規則

- 1杯爲200 ml、1大匙爲15 ml、1小匙爲5 ml
- 雞蛋使用M尺寸
- 「砂糖」是指上白糖（細白砂糖）
- 「1小撮」是指以拇指、食指、中指3根手指輕輕捏起一撮的份量
- 如果使用瓦斯烤箱操作，請將溫度降低10℃左右
- 烤箱請以指定溫度事先預熱，加熱時間依照使用熱源與機種，多少有所差異。請參考食譜設定時間，視需要進行調整。

6 優格點心

若山曜子老師

7 堅果點心

『dans la nature』千葉奈津絵老師

1

渡辺真紀老師

不使用奶油的點心

在日常中因爲簡單美味，
所以很常製作不添加奶油點心的渡辺老師。
從司康到蛋糕、餅乾⋯。
這些原本我們以爲奶油是不可或缺材料之一的點心，
透過渡辺老師的巧手竟是如此單純。
全都是輕盈溫和、別具巧思的好滋味。

◉ 紅茶馬芬 — 作法請參見 10 頁

與從事設計的先生與念小學的兒子三人共同生活。穿過了寬廣的公園與小學，位於高地上的住家，不僅是起居室、連廚房都有來自大面窗戶的良好光線。攝影期間為6月，櫥櫃裡擺放的除了有梅酒以外還有葡萄柚酒、血橙酒、蘭姆酒等裝有果實酒的瓶罐。

從保存食到常備菜、便當、蔬食菜色…等。持續不斷的推出重視當季、對身體溫和、各色料理提案，有著許多以此專題為主的書籍，渡辺老師也非常頻繁的製作磅蛋糕等烘焙點心。

「我所製作的點心，如果要說是哪個種類，應該大致上是那種在計量上不必非常精確、簡單就能製作的點心。我喜歡樸素的烘焙點心，不使用奶油，以液體油製作的蛋糕與餅乾比較多。」

實際上在日常生活裡，奶油也很少出現在渡辺老師家的餐桌上。平常僅使用少量的奶油增加料理的風味，連用來塗抹在麵包上的機會也非常少。

「雖然如此，也並非是討厭奶油。反而很喜歡充滿了奶油香味的奶油酥餅等。但是如果是自己動手做的時候，比較常使用方便省事的液體油來製作。」

當然也有將奶油攪拌到膨鬆後製作蛋糕或者馬芬、餅乾。也有想要讓烤出來的成品濕潤或是充分膨鬆的時候，但如果是在自家做點心，就會想製作的更"隨心"一些，使用液體油就很方便。

「使用菜籽油製作的馬芬或蛋糕，僅需將油與砂糖以攪拌器混合，兩者融合之後即可。剩下的就只有加入雞蛋與麵粉大略混合均勻，非常的簡便。家裡有比較小的小孩，沒有時間可以製作點心的家庭，真的很推薦嘗試這樣的作法。」

（←）蒸籠、籃子還有STAUB的鑄鐵鍋等整齊的排放著，渡辺老師家的廚房壁式收納，色調也是統一的。這是一個呈現各種道具獨自美感的空間。

（↓）廚房裡便於拿取的位置，所放置的大小罐子當中裝著各種鹽。「有日本產的，也有顆粒較粗產於法國，以及從國外帶回來的伴手禮，稍微有點差異的各式種類。依照需要搭配使用也十分有趣。」

渡辺老師喜歡各式的小碟子。在餐廳的收納櫃裡有許多可愛的小碟子。「日常的飲食當中使用頻率也很高。是裝盛涼拌菜或煮豆子，調味料等的好幫手。」

比起低筋麵粉，更喜歡帶著粉香的全麥粉。在甜味方面，使用對身體比較好的黃糖。食材的選擇上也充滿著渡辺老師的個人風格。

「其實芝麻餅乾、可可餅乾、起司風味的鹹餅乾、麵包布丁等…都可以用液體油製作。除此之外，也很喜歡對身體有益的穀類。藜麥、莧籽（amaranthus）與最喜歡的黃豆粉，也常被加在蛋糕與馬芬當中。」

渡辺老師原本就很常使用琺瑯盒製作布朗尼等點心。

「琺瑯盒很適合用在製作帶去別人家伴手禮時使用，用來烤蛋糕或者製作冰砂。製作出趁新鮮時就能吃完的份量，是非常恰當的尺寸。不僅如此，有時買了各式製作點心的模具，光是收納就是一件麻煩的事情。如果是琺瑯盒，只需一個就夠，還能用在料理時的事前準備，眞是一件很棒的器具。」

在訪談之間，不知不覺渡辺老師饑腸轆轆的兒子正背著書包放學走進家門。

在食器收納櫃上擺放的是，招待客人時非常活躍的玻璃製蛋糕架與餐具等。非常好看地也成了擺飾的一環。

不使用奶油，

以液體油製作的馬芬，

是一道不管是誰都不會失敗的簡易食譜。

以牛奶煮成的紅茶與茶葉

充分享受紅茶的香氣。

紅茶馬芬

材料（21×16.5×深度3cm的琺瑯盒1個）

A
- 低筋麵粉……120g
- 泡打粉……1小匙

黃糖……60g（二砂等未精煉的砂糖）
雞蛋……1個
菜籽油……50ml
牛奶……50ml
紅茶葉（茶包）……2包（2大匙）＊

＊推薦使用伯爵茶

事前準備

- 將雞蛋置於室溫下回溫。
- 牛奶加熱至沸騰前，加入1包茶包中的茶葉，降溫至體溫左右。
- 將材料A以攪拌器攪拌均勻，消除結塊。
- 將琺瑯盒鋪上烘焙紙。
- 烤箱以180℃預熱。

作法

1 將砂糖與菜籽油置於缽盆中，以攪拌器攪拌均勻。砂糖與油脂結合後，將打散的蛋液分2次加入，每次加入蛋液時請混合均勻後再加入下一次（**a**），最後連同茶葉與紅茶液一起加入（**b**）。

2 加入材料A，以橡皮刮刀混合至粉類材料完全溶入液體中，加入另一包茶葉（**c**）略微混合均勻。

3 將混合好的材料均勻倒入琺瑯盒中攤平（**d**），以180℃烤30分鐘左右。以竹籤戳穿中央部位，若無殘留液體材料即可。

＊做好之後靜置一日，讓蛋糕體更濕潤，風味更佳。

a

b

c

d

蘋果馬芬

擺上了切得極薄的蘋果片，烤成了可愛的馬芬。
如果可以買到紅玉蘋果，
可以帶皮使用。

材料（21×16.5×深度3㎝的琺瑯盒1個）

A
- 低筋麵粉⋯120g
- 泡打粉⋯1小匙

黃糖⋯60g（二砂等未精煉的砂糖）
雞蛋⋯1個
菜籽油⋯50ml
牛奶⋯50ml
蘋果⋯大½個
裝飾用黃糖⋯½大匙

事前準備

- 將雞蛋與牛奶置於室溫下回溫。
- 蘋果去皮切成3㎜厚度的半月型片狀，浸泡在薄鹽水中。
- 將材料A以攪拌器攪拌均勻，消除結塊。
- 將琺瑯盒鋪上烘焙紙。
- 烤箱以180℃預熱。

作法

1 將砂糖與菜籽油置於缽盆中，以攪拌器攪拌均勻。砂糖與油脂結合後，將打散的蛋液分2次加入，每次加入蛋液時請混合均勻後再加入下一項，最後加入牛奶。

2 加入材料A，以橡皮刮刀混合至粉類材料完全溶入液體中混合均勻。

3 將混合好的材料均勻倒入琺瑯盒中攤平，鋪上瀝乾水分的蘋果片，撒上黃糖以180℃烤30分鐘左右。

香蕉蛋糕

取一根香蕉混合在麵糊裡，
再取一根香蕉切成薄片當作配料。
這是一道濃縮了香蕉甜美風味的蛋糕，
另外加了點蘭姆酒，
如果不習慣酒香味，就請以牛奶代替吧！

材料（21×16.5×深度3cm的琺瑯盒1個）

A
- 低筋麵粉…100g
- 泡打粉…1小匙

黃糖…50g（二砂等未精煉的砂糖）
雞蛋…1個
菜籽油…50ml
香蕉…2根（小根）
蘭姆酒（或者牛奶）…1大匙

事前準備

- 將雞蛋置於室溫下回溫。
- 香蕉一根壓成粗泥、另一根斜切成5mm片狀。
- 將材料A以攪拌器攪拌均勻，消除結塊。
- 將琺瑯盒鋪上烘焙紙。
- 烤箱以170℃預熱。

作法

1 將砂糖與菜籽油置於缽盆中，以攪拌器攪拌均勻。砂糖與油脂結合後，將打散的蛋液分2次加入，每次加入材料時請混合均勻後再加入下一項（**a**），最後加入香蕉泥（**b**）、蘭姆酒混合均勻。

2 加入材料A，以橡皮刮刀混合至粉類材料完全溶入液體中，略微混合均勻（**c**）。

3 將混合好的材料過濾倒入琺瑯盒中攤平，以4×4列的方式鋪上香蕉片（**d**），以170℃烤35分鐘左右。

d

c

b

a

巧克力蛋糕

加了確實打發的蛋白霜，
烤成膨鬆輕盈的巧克力蛋糕。
加入蛋白霜之後、記住不要攪拌過度，
享用時推薦撒點糖粉、或者佐以鮮奶油。

材料(21×16.5×深度3cm的琺瑯盒1個)

A
- 製菓用巧克力(苦甜巧克力)…100g
- 菜籽油…50ml

雞蛋…2個
黃糖…60g(二砂等未精煉的砂糖)
低筋麵粉…60g

事前準備

- 將蛋黃與蛋白分開，蛋黃置於室溫下回溫，蛋白置於冷藏室內冰涼。
- 巧克力切成碎片。
- 將琺瑯盒鋪上烘焙紙。
- 烤箱以170℃預熱。

作法

1 將材料A置於缽盆中以隔水加熱的方式(底下墊一盆熱水，以小火加熱)，使用耐熱的杓子將材料融化混合均勻。

2 取一較大缽盆，放入蛋黃與半量砂糖，以攪拌器攪拌至材料融合呈乳化狀態(**a**)。

3 取另一缽盆放入蛋白，以電動攪拌器高速打發，攪拌至舀起蛋白霜前端略為堅挺後，將剩下的砂糖分三次加入，打發成完全打發的蛋白霜(**b**)。

4 將蛋黃加入步驟**1**融化的巧克力中，以攪拌器混合均勻，加入1大匙步驟**3**的蛋白霜略微混合，接著篩入麵粉混合均勻。最後將剩下的蛋白霜分二次加入盆中，使用橡皮刮刀，以從底部撈起的方式混合均勻(**c**)。

5 將混合好的材料倒入琺瑯盒中攤平(**d**)，以170℃烤35分鐘左右。

＊加入剩下的蛋白霜時，注意不要攪拌過度，過度攪拌會使蛋白霜消泡。即使殘留少許蛋白霜無法均勻混合也無所謂。

＊烤好的蛋糕靜置一天，會讓成品更濕潤美味。

a

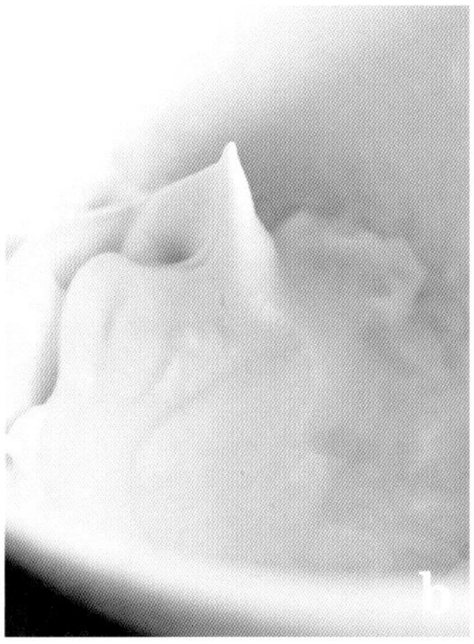
b

c

d

檸檬蛋糕

這款蛋糕也被稱之爲「週末蛋糕 weekend cake」，
是濃縮了檸檬酸味的一款蛋糕，
飾以糖霜，妝點了蛋糕的樣貌。

材料（21×16.5×深度3cm的琺瑯盒1個）

A
- 低筋麵粉…60g
- 杏仁粉…40g
- 泡打粉…½小匙

黃糖…100g（二砂等未精煉的砂糖）
雞蛋…2個
菜籽油…50ml

B
- 黃檸檬汁…2大匙
- 黃檸檬皮（國產）刨成碎末…1個

蘭姆酒…1大匙
黃檸檬片（切成4等分）…薄片2片

【檸檬糖霜】
糖粉…60g
黃檸檬汁…1大匙

事前準備
- 將雞蛋置於室溫下回溫。
- 將材料A以攪拌器攪拌均勻，消除結塊。
- 將琺瑯盒鋪上烘焙紙。
- 烤箱以170℃預熱。

作法

1 將雞蛋與砂糖置於缽盆中以隔水加熱的方式（底下墊一盆熱水，以小火加熱），使用電動攪拌器低速打發。當撈起盆中材料落下時呈現堆疊緞帶般左右層次分明的黏稠度時（**a**）加入材料B，略微混合均勻。

2 加入半量材料A以攪拌器混合均勻後，再加入剩下的一半，使用橡皮刮刀以切拌的方式略微混合。加入菜籽油後，以從底部撈起的方式混合均勻。

3 將混合好的材料倒入琺瑯盒中攤平，以170℃烤30～35分鐘左右。略微降溫後表面刷上蘭姆酒。

4 少量多次將檸檬汁加入糖粉中，以攪拌器混合至糊狀，均勻的塗抹在步驟**3**的蛋糕上，最後排放黃檸檬片。

＊以冷藏保存。靜置一天後，會讓成品更濕潤美味。

a

全麥粉鹹餅乾

帶著顆粒的全麥粉，香氣十足。
將材料鋪在琺瑯盒後，先預先劃出切口再烤。
烤後放涼變脆，就是享用時機。

材料（21×16.5×深度3cm的琺瑯盒1個）

A
- 低筋麵粉⋯150g
- 全麥粉⋯50g
- 黃糖⋯4大匙（二砂等未精煉的砂糖）
- 鹽⋯¼小匙

菜籽油⋯80ml
牛奶⋯3大匙

事前準備

- 將琺瑯盒鋪上烘焙紙。
- 烤箱以170℃預熱。

作法

1 將材料A置於缽盆中以手略微混合，依序加入菜籽油、牛奶每次加入一項材料時，請以手混合後再加入下一項，以手搓揉將所有材料混合至鬆散的狀態。

2 將混合好的材料倒入琺瑯盒中，蓋上烘焙紙以手壓平，以刀預先劃出2×8塊的切痕。以竹籤均勻的戳出孔洞。放入170℃烤箱烤35～40分鐘左右。趁熱依照預先畫出的切痕，切分烤好的餅乾，靜置冷卻。

＊確實冷卻後會更酥脆美味。

肉桂與蜂蜜司康

倒入麵糊後，不要過度壓擠，
留有部分凹凸不平，
這樣可以烤出比較酥鬆的口感。

材料（21×16.5×深度3cm的琺瑯盒1個）

A
- 低筋麵粉……250g
- 泡打粉……1大匙
- 杏仁粉……2小匙
- 鹽……1小撮

B
- 蜂蜜……5大匙
- 菜籽油……4大匙

- 牛奶……120ml

事前準備

- 將材料A以攪拌器攪拌均勻，消除結塊。
- 將材料B（混合）以及牛奶置於冰箱中冰冷備用。
- 將琺瑯盒鋪上烘焙紙。
- 烤箱以180℃預熱。

作法

1 將材料A置於缽盆中，加入材料B使用橡皮刮刀以切拌的方式混合後，以手揉搓至鬆散的狀態。

2 少量多次加入牛奶，以橡皮刮刀以切拌的方式迅速混合成團。

3 將混合好的材料隨意的置於琺瑯盒中，略微整平後以刀切劃出2×3塊的切痕。以180℃烤20分鐘左右。略微降溫後撒上少許肉桂粉（份量外）。

＊佐以鮮奶油也非常美味。

渡辺真紀

1977年神奈川生。曾任影像設計，2005年創立「サルピア給食室」（Salvia供餐室），踏上了料理人之路。活躍於雜誌、書籍食譜提案，工作室、外燴服務等各領域。以簡單、天然的生活方式，充滿品味的設計提案受到歡迎。著有「便當菜帖」（小刊社）「冷凍保存絕品家常菜色」（家の光協　）。
http://www.watanabemaki.com

2

豆腐與豆渣的點心

中川多磨老師

如果活用豆腐白滑軟嫩的特性，
除了可以像起司一般取代奶油，
也可以變成滑潤的乳霜狀。
與各種食材有著非常好的協調性。
這次，我們要介紹一道又一道，
透過多磨老師的巧手之下，
讓你每一口都幾乎吃不出來是豆腐的濃郁好滋味。

◉ 豆腐烤起司蛋糕—作法參見 23 頁

搬到位於神奈川逗子的居所就快要 4 年了。與服務於時裝業的丈夫及非常會畫漫畫，就讀中學 3 年級的女兒一同生活。不論何時拜訪老師的家，都會在廚房看到美味的季節性保存食，整齊排放著。由 NHK 出版的 HP『我的生活』中，在『來自逗子的保存料理』專欄裡，介紹以季節食材做成的各式保存料理。

除了料理以外，從烘焙點心到各式甜點，多磨老師都可以氣定神閒，輕鬆的變出來。使用季節食材製作保存料理是老師最拿手的，在位於神奈川逗子的自宅中，也主持料理教室。這樣的多磨老師，最近推薦的便是使用豆腐與豆渣所製作的點心。

「就拿烘焙點心來說，加了飽含水分的豆腐，其中的水分就可以成爲麵團的黏和劑。想讓成品軟嫩可使用絹豆腐；想讓成品有彈性富含豆腐香氣，就使用木棉豆腐，活用各種豆腐的特性，正是使用豆腐製作甜點的訣竅」。

透過這樣的方式，所做出來的烤起司蛋糕，作爲中學生女兒的點心，似乎也沒被察覺有何不同。

「其實，女兒並不是那樣喜歡甜點，也不是很喜歡豆腐…。但是這蛋糕裡加了豆腐她也沒發現，一口接著一口吃得很開心的樣子喔。」

一問之下，材料中只有用絹豆腐代替了部分的奶油起司（cream cheese），砂糖與雞蛋、粉、檸檬汁。那究竟讓成品好吃的訣竅又是什麼呢？

「首先要將豆腐以攪拌器攪拌，讓空氣充滿材料中，這點非常重要，可使大豆本身的香氣變得柔和。還有消化餅乾並不是使用慣用的奶油使其黏和，而是用黃檸檬果醬也是一個重點。黃檸檬果醬的酸味，就會變成起司的風味。而如果是使用柳橙果醬等，或其他口味的果醬，風味也會隨之產生各種有趣的變化。

(→) 在樸實的木製圓拖盤上擺放的是，自製的穀麥片、水果乾與堅果、蜂蜜等家裡常備的食物。將這些佐以優格或季節水果，便是多磨老師早餐的固定菜色。
(←) 在廚房一隅毫不矯飾，疊放的是日常所使用的器皿，幾乎都是古董，在古董市場或跳蚤市集等購得，是多磨老師一個一個收集而來重要的收藏。

滾著藍邊懷舊的琺瑯盒，與在採光良好下健康成長的豆苗。在畫面後方的是，人家送給老師，以花生做成的花圈。「如果把這花圈掛在室外，小鳥會來啄食非常可愛。」

提到豆腐做成的甜點，需要先壓乾水分嗎？相信很多人都會有這樣的疑問。在多磨老師所製作的甜點中，費時壓乾水分這個步驟完全不需要。

「豆腐乳霜所做成的提拉米蘇，雖然是使用壓乾水分的木棉豆腐所製成，但是這樣一來豆腐的香氣會太明顯⋯。此外，如果是用絹豆腐來做又會太濕，不是乳霜反而變成醬汁，這部分要稍加留意。」

除此之外，多磨老師在使用豆子所製成的點心時也很常利用琺瑯盒製作。

「使用水煮紅豆做成的水羊羹，或者紅豆與甜酒的冰砂等，因爲有了甜酒的作用，所以冰砂不會冰得過硬、脆爽的口感非常美味。使用焙烤過的大豆與玄米淋上焦糖醬，使用琺瑯盒成型所做成的〝爆米香〞也很推薦；使用水煮大豆做成的豆醬也可以做成大豆派喔～」

嗯～每一種都讓人蠢蠢欲動想動手做做看、嚐嚐看呢。

置於餐具櫃中，鳥形的陶器是多磨老師學習陶藝超過十年以上，親手做的牙籤罐。

材料（21×16.5×深度3cm的琺瑯盒1個）

奶油起司……200g

絹豆腐……1小塊（150g）

黃糖……50g（二砂等未精煉的砂糖）

雞蛋……1個

A［低筋麵粉……2大匙
　鹽……1小撮

黃檸檬汁……1大匙

【底部】

消化餅乾……9片

黃檸檬果醬……3～4大匙

（請參考24頁）

豆腐烤起司蛋糕

先將豆腐充分混合之後，
原有的大豆香會變得更柔和、更容易入口。
蛋糕底部，加上檸檬果醬，成了風味來源的重點。

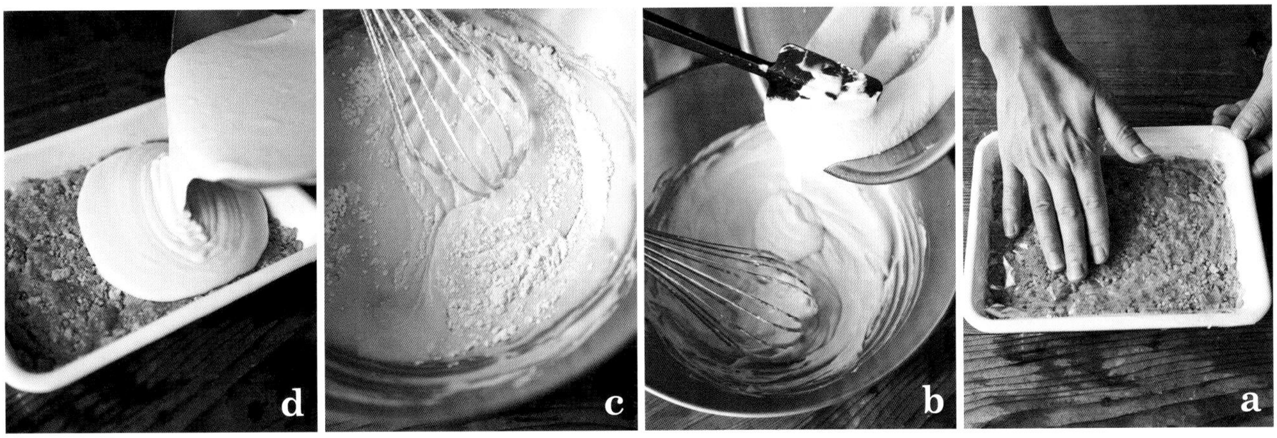

事前準備

- 將奶油起司與雞蛋置於室溫下回溫。
- 將琺瑯盒鋪上烘焙紙。
- 烤箱以170℃預熱。

作法

1 製作蛋糕底部。將消化餅乾置於夾鍊袋中，以擀麵棍敲成碎末。加入檸檬果醬，隔著夾鍊袋揉搓均勻，倒入琺瑯盒上鋪保鮮膜，以手壓緊（**a**）。

2 將豆腐放入缽盆中，以攪拌器將空氣攪拌進去成乳霜狀。

3 將軟化的奶油起司置於另一缽盆中，依序加入砂糖混合均勻，步驟**2**（**b**）的豆腐、打散的蛋液、檸檬汁、篩入材料A，每加入一種材料時請混合均勻後再加入下一項（**c**）。

4 將攪拌好的材料倒入步驟**1**（**d**），以170℃烤30～40分鐘左右。以竹籤戳穿中央部位，若無殘留液體材料即可。略微降溫後連同琺瑯盒置於冷藏室中2個小時以上冷卻。

＊也可將所有起司部分的材料，以食物調理機一次混合均勻。

豆腐起司蛋糕

以甜酒取代材料中的砂糖，
替風味增添了深度，
以檸檬皮妝點出可愛的樣貌。

材料（21×16.5×深度3cm的琺瑯盒1個）

奶油起司……200g
絹豆腐……1小塊（150g）
甜酒……130ml
黃檸檬汁……1大匙
粉狀吉利丁……6g
水……2大匙

【底部】
消化餅乾……9片
黃檸檬果醬……3～4大匙
裝飾用黃檸檬皮（國產黃檸檬）……適量

事前準備

- 將奶油起司置於室溫下回溫。
- 吉利丁加水還原備用。

作法

1 製作蛋糕底部。將消化餅乾置於夾鍊袋中，以擀麵棍敲成碎末。加入檸檬果醬，隔著夾鍊袋揉搓均勻，倒入琺瑯盒上鋪保鮮膜，以手壓緊。

2 將豆腐放入缽盆中，以攪拌器將空氣攪拌進去成乳霜狀。

3 將軟化的奶油起司置於另一缽盆中，依序加入步驟**2**的豆腐混合均勻後、加入甜酒、檸檬汁、以及以微波爐等加熱融化的吉利丁液（注意不要加熱過度），每加入一種材料時，請混合均勻後再加入下一項。

4 將混合好的材料倒入步驟**1**，置於冷藏室中3個小時以上使其定型，最後撒上黃色的檸檬皮。

與蛋糕底部消化餅乾混合的黃檸檬果醬。果醬的酸味可增添起司蛋糕風味的深度，亦可使用柳橙或柚子果醬替換。

豆腐與白巧克力布朗尼

使用奶香味十足的白巧克力製作，
就算少了奶油都非常夠味。
配料使用冷凍的藍莓或堅果都可以。

材料（21×16.5×深度3cm的琺瑯盒1個）

絹豆腐：1小塊（150g）
板狀巧克力（白）：3塊（120g）

A
- 低筋麵粉：100g
- 杏仁粉：15g
- 泡打粉：2小匙
- 鹽：1小撮

黃糖：30g（二砂等未精煉的砂糖）
雞蛋：1個
覆盆子（冷凍）：60g
核桃：30g

事前準備

- 將雞蛋置於室溫回溫。
- 將巧克力切成粗粒、核桃對半切。
- 將琺瑯盒鋪上烘焙紙。
- 烤箱以170℃預熱。

作法

1 將白巧克力置於缽盆中，以隔水加熱的方式（底下墊一盆60℃左右的熱水），使用攪拌器攪拌使其融化。

2 將豆腐放入另一個缽盆中，以攪拌器將空氣攪拌進去成乳霜狀。加入砂糖混合均勻至砂糖與霜狀材料融合在一起。依序加入打散的蛋液、步驟**1**的融化白巧克力，每加入一種材料時，請混合均勻後再加入下一項，最後篩入材料A以橡皮刮刀略微混合均勻。

3 倒入琺瑯盒中，撒上核桃與覆盆子，以170℃烤30～35分鐘左右。

豆渣酥頂紅豆蛋糕

使用鬆脆的豆渣製作，
只需混合粉類材料與油脂即可做成酥頂。
這是一款加了豆腐，帶著和風不需要加蛋的蛋糕。

材料（21×16.5×深度3cm的琺瑯盒1個）

A
- 低筋麵粉…150g
- 杏仁粉…2大匙
- 泡打粉…2小匙
- 鹽…1小匙

絹豆腐…1小塊（150g）
黃糖…3大匙（二砂等未精煉的砂糖）
菜籽油…3大匙
水煮紅豆（罐頭）…100g

【豆渣酥頂】

B
- 豆渣…3大匙
- 低筋麵粉、杏仁粉、黃糖…各2大匙

菜籽油…1又½大匙

事前準備
- 將琺瑯盒鋪上烘焙紙。
- 烤箱以170℃預熱。

作法

1 製作豆渣酥頂。將材料B置於缽盆中以手混合均勻，加入菜籽油混合均勻，做成鬆散砂礫狀（**a**）。

2 將豆腐放入另一缽盆中，以攪拌器攪拌均勻。依序加入砂糖、菜籽油、以及過篩的材料A，每加入一種材料時，請混合均勻後再加入下一項，混合至粉類材料大致消失後加入紅豆，略微混合。

3 倒入琺瑯盒中，表面撒上步驟**1**的豆渣酥頂，以170℃烤30～40分鐘左右。

＊以蘭姆葡萄乾取代紅豆也很美味。

蘋果豆渣派

加入杏仁粉做成的派皮，香氣十足。
盡量擀薄派皮之後再鋪入琺瑯盒中，
最後淋上楓糖漿，讓表面烤成焦糖狀。

材料（21×16.5×深度3cm的琺瑯盒1個）

【派皮材料】

A
- 豆渣⋯60g
- 低筋麵粉⋯30g
- 杏仁粉⋯2大匙
- 黃糖⋯1大匙（二砂等未精煉的砂糖）
- 鹽⋯1小撮

菜籽油⋯2大匙

蘋果（紅玉）⋯1個
楓糖漿⋯4大匙
肉桂粉⋯少許

事前準備

- 將琺瑯盒鋪上烘焙紙。
- 烤箱以180℃預熱。

作法

1 依序將材料A、菜籽油置於缽盆中以手混合均勻後整形成團。

2 將手粉（麵粉，份量外）撒在操作台上，以擀麵棍將麵團擀成3mm（21×16.5cm）大小，鋪進琺瑯盒中，派皮高出琺瑯盒立面邊緣1cm，以叉子於派皮整體均勻戳出孔洞，以180℃烤15分鐘左右。

3 蘋果帶皮切成3mm厚片，鋪放在琺瑯盒中，排放成2列，淋上楓糖漿。以180℃再烤25～30分鐘。冷卻後自琺瑯盒中取出，撒上肉桂粉。

豆腐乳霜提拉米蘇

使用市售的蜂蜜蛋糕製作，非常簡單的提拉米蘇。
在木棉豆腐中加了蜂蜜與檸檬，
做成輕盈爽口的乳霜。

材料（21×16.5×深度3㎝的琺瑯盒1個）

【豆腐乳霜】

木棉豆腐…½塊（175g）

A
- 蜂蜜…3大匙
- 黃檸檬汁…1大匙
- 鹽…1小撮
- 蘭姆酒、香草精…各少許

市售蜂蜜蛋糕…5片

高濃度的咖啡液…100ml

香蕉…2根

黃檸檬汁…1大匙

可可粉…適量

事前準備

・將香蕉切成5mm厚片淋上黃檸檬汁。

作法

1 製作豆腐乳霜。將豆腐放入缽盆中，以攪拌器攪拌均勻。依序加入材料A、每加入一種材料時，請混合均勻後再加入下一項。

2 將每片蜂蜜蛋糕切成三等分，取半量鋪至琺瑯盒底部。以湯匙淋上半量咖啡液，鋪上半量香蕉片，均勻鋪上半量的豆腐乳霜。再次重複此一步驟後，置於冷藏室中2個小時冷卻，享用前以小茶篩篩上可可粉。

＊咖啡液作法，熱水100ml，加入即溶咖啡粉3小匙即可。

中川多磨

1971年兵庫縣生，服務於時裝業，結婚後同時遷居東京。於自然食譜店任職後，2004年以外燴職人「niginigi」的身份，在神奈川逗子與葉山地區為中心活動，2008年獨立。在雜誌、網路等提供食譜設計提案，亦於逗子的自宅，以活用當季食材製作出儉樸的料理為主題，開設小班制的教室。
http://tama2006.exblog.jp

3

豆漿點心

『蛙食堂』松本朱希子老師

以『蛙食堂』這個名稱，
在友人與熟人饕客之間一展料理長才的松本老師。
除了食材使用來自老家廣島的蔬菜之外，
添加了豆漿的手工蜂蜜蛋糕，
更是饕客間無人不知的人氣點心。
細心製作下的味道，
是你吃過一次就難以忘懷的好滋味。

◉ 蜂蜜蛋糕 — 作法參見 34 頁

使用來自故鄉—廣島，雙親所寄來當季新鮮蔬菜製作料理，在友人間廣受好評，也在書籍與雜誌等提供食譜，非常活躍『蛙食堂』的松本老師。由她所製作的『蜂蜜蛋糕』，不定期的在活動期間銷售，是瞬間就會售罄，難以入手的人氣商品，連在烘焙同好之間都頗有名氣。

「大約是十年前，在製作蜂蜜蛋糕時，心裡想著：有什麼材料是與蜂蜜蛋糕溫潤的甜味可以相輔相成的？所以試著使用豆漿製作。有了豆漿天然的甜味，整個蛋糕的風味變得非常柔和。雖然使用牛奶的頻率也很高，但是我想正是因爲豆漿才會有這樣好的味道。在我們家的冰箱裡，豆漿是絕對不會少的。

除此之外，松本老師日常最常製作添加豆漿的點心，還有餅乾或蒸糕。

「最近這陣子，比起眞正的甜點，倒是更喜歡可以當作早餐或輕食類型的點心，所以也常製作地瓜或玉米，或是加了起司的蒸糕。豆漿帶有風味溫潤的特性，與香蕉、芒果等帶有成熟甜香的水果非常搭配。」

的確，這次所介紹的食譜當中，添加了芒果的寒天、或香蕉冰淇淋中，有了豆漿的輔佐，充滿著自然的香甜，是讓人忍不住要驚嘆的美味。

松本老師自家，是一棟屋齡超過40年的古老平房。從廢校的小學接收，原本圖書館中傷痕累累的桌子，如今成爲餐桌。搭配從事設計工作的丈夫，所設計的椅子。各種充滿韻味的傢俱林列，不論何時造訪都令人感到舒服的空間。本書出版之際，松本老師也遷至新居開始新的生活。

在製作蛋糕卷的餡料時，經歷了一些錯誤實驗。

「豆漿加了檸檬汁混合時，會產生少許的稠度。所以我就想能不能活用這點做出蛋糕卷的內餡呢？最後我搭配了奶油起司並以吉利丁產生稠度，做出了非常不錯的夾餡。」

松本老師說：自幼我是吃奶奶手做的點心長大的，這部分對我影響很深遠。

「奶奶對於我在廚藝教室所學的食譜看得津津有味，在看料理節目時，也一邊看電視一邊將所提供的食譜，用手邊的傳單記錄下來，當天晚上就會試做，是個好奇心旺盛的人。而媽媽則會在料理學校學習廚藝。從前媽媽使用過的料理筆記傳給了我，有時候打開看看，或在食譜的筆記上手繪插畫，或者寫下試做的感想，非常讓人開心。」

我做菜與做點心時的心情，我想是奶奶與媽媽傳給我的。

「就算是同一道點心，使用琺瑯盒製作，會與過往使用其他模具製作時，有著什麼樣的差異？這點也很讓人期待。製作點心的樂趣，會更加的遼闊。」

老家廣島是黃檸檬的盛產地。市面上所販售的是趁尺寸還小時採收的，照片中的這個是完熟之後尺寸較大的。以冰糖與伏特加醃漬非常美味。

吊掛在廚房窗邊的是京都‧辻和金網的濾水籃、中華鍋、鐵製平底鍋等，方便拿取。而在其下排放的，是放置鹽、梅干、昆布等有蓋子可愛的陶罐，都是松本老師自己做的。

道具類，老師在店裡只要看到喜歡的，一定要先回家想一想才購買。充滿昭和懷舊風情的食器櫃裡，是上了年紀滾著紅邊的琺瑯盒。

陳設在家中各處的小花們，是從老家連根送過來，移植在自家庭院內生長。前方的花器，是京都‧モーレ工房的花瓶，由松本老師添上圖樣。

使用琺瑯盒烤蜂蜜蛋糕時，

重疊兩張烘焙紙，讓紙的高度略高是訣竅。

倒入薄薄一層麵糊後，再撒上冰糖，

這樣一來蛋糕體就會均勻的佈滿冰糖。

蜂蜜蛋糕

材料（21×16.5×深度3cm的琺瑯盒1個）

高筋麵粉……60g
三溫糖……45g＋20g
雞蛋……2個
A ┌ 豆漿（原味）……25ml
  └ 蜂蜜……2小匙
B ┌ 菜籽油……1大匙
  └ 味醂……½大匙
冰糖……2大匙

事前準備

・將雞蛋置於冷藏室中冰涼。
・將琺瑯盒鋪上烘焙紙。二張烘焙紙重疊，高度高出邊緣約3cm。
・烤箱以190℃預熱。

作法

1 將蛋白與蛋黃分開，置於不同的缽盆中。蛋白以電動攪拌器高速打成蛋白霜，盆中蛋白開始起泡後將45g的糖分三次加入，打至硬性發泡的蛋白霜（**a**）。蛋黃加入20g的糖，以電動攪拌器高速打至白色乳霜狀。

2 將1湯匙蛋白霜加入打好的蛋黃鍋中，以電動攪拌器低速混合，混合好之後倒入蛋白霜的缽盆，以低速混合均勻（**b**）。

3 篩入高筋麵粉，使用橡皮刮刀從底部往上撈拌的方式，混合至粉狀材料消失，依序倒入加熱至體溫的材料A（分三次・**c**），以及混合均勻的材料B（分三次），每加入一種材料請混合均勻後，再加入下一種。

4 將少許麵糊倒入琺瑯盒中，撒上冰糖，再倒入剩下的麵糊（**d**），以刮刀輕刮表面使其平整。以190℃烤箱溫度先烤5分鐘，降溫至170℃後再烤25分鐘，輕摔二次至自琺瑯盒中倒出，置於網架上。撕開側面的烘焙紙後連同網架鬆鬆的套上較大的塑膠袋，略微降溫後置於冷藏室保存。

＊靜置一天，會更濕潤美味。

a

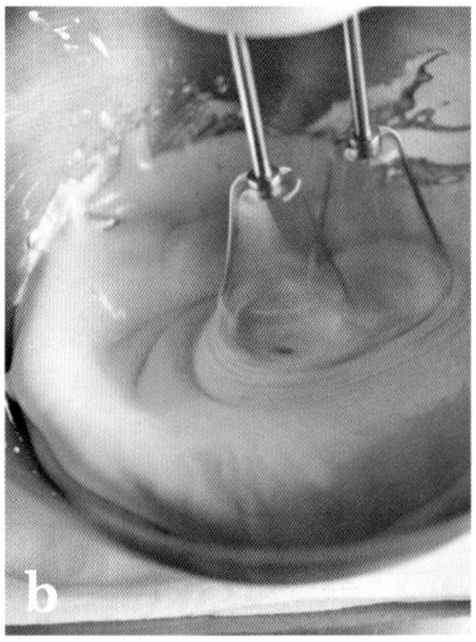

b

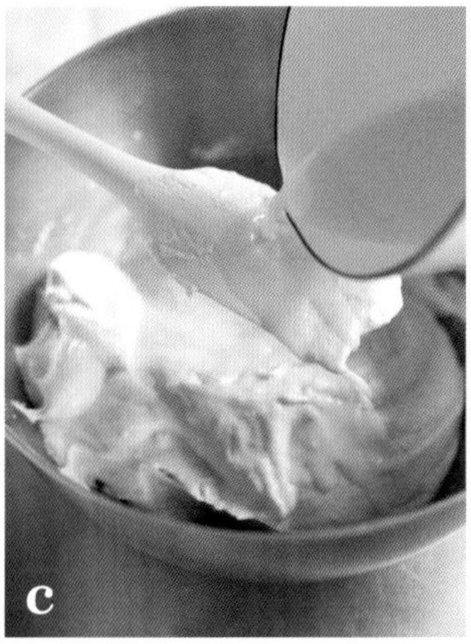

c

d

黑糖蜂蜜蛋糕

使用黑糖取代原味蜂蜜蛋糕中的糖，
一口享盡黑糖特有濃郁的風味。

材料（21×16.5×深度3cm的琺瑯盒1個）

高筋麵粉……60g
黑糖（粉狀）……45g＋30g
雞蛋……2個
A 豆漿（原味）……25ml
　蜂蜜……1小匙
B 菜籽油……1大匙
　味醂……½大匙
冰糖……2大匙

事前準備

- 將雞蛋置於冷藏室中冰涼。
- 將琺瑯盒鋪上烘焙紙。二張烘焙紙重疊，高度高出邊緣約3cm。
- 烤箱以190℃預熱。

作法

1 將蛋白與蛋黃分開，置於不同的缽盆中。蛋白以電動攪拌器高速打成蛋白霜，盆中蛋白開始起泡後將45g的黑糖分三次加入，打至硬性發泡的蛋白霜。蛋黃加入30g的黑糖，以電動攪拌器高速打至乳霜狀。

2 將1湯匙蛋白霜加入蛋黃鍋中，以電動攪拌器低速混合，混合好之後倒入蛋白霜的缽盆，以低速混合均勻。

3 篩入高筋麵粉，使用橡皮刮刀從底部往上撈拌的方式，混合至粉狀材料消失，依序倒入加熱至體溫的材料A（分三次），以及混合均勻的材料B（分三次），每加入一種材料請混合均勻後，再加入下一種。

4 將少許麵糊倒入琺瑯盒中，撒上冰糖，再倒入剩下的麵糊，以刮刀輕刮表面使其平整。以190℃烤箱溫度先烤5分鐘，降溫至170℃後再烤25分鐘，輕摔二次至琺瑯盒中倒出，置於網架上。撕開側面的烘焙紙後連同網架鬆鬆的套上較大的塑膠袋，略微降溫後置於冷藏室保存。

豆漿蛋糕卷

以質地綿密鬆軟的海綿蛋糕體，
捲入帶著酸味的起司豆漿乳霜，
做成小尺寸，好捲不會失手。
海綿蛋糕的作法，與蜂蜜蛋糕相同。

材料（21×16.5×深度3cm的琺瑯盒1個）

【海綿蛋糕】
低筋麵粉…20g
三溫糖…15g＋5g
雞蛋…1個
豆漿（原味）…1小匙

【豆漿乳霜】
A
豆漿（原味）…50ml
黃檸檬汁…½小匙多
B
奶油起司…20g
三溫糖…15g
吉利丁片…1g

【糖漿】
C
三溫糖…¼小匙
水…½小匙
櫻桃酒（Kirsch）（如果有的話）…少許

事前準備

- 將奶油起司置於室溫下回溫。
- 將吉利丁片泡在稍多的水量裡，加入1～2個冰塊使其膨脹。
- 將琺瑯盒鋪上烘焙紙。
- 將雞蛋置於冷藏室中冰涼。

作法

1 製作豆漿乳霜。取材料A中1匙豆漿置於耐熱容器中，加入擰乾水分的吉利丁片，以隔水加熱（參考16頁）方式使其溶解。將剩下的材料A放入缽盆中，以攪拌器攪拌至略略產生黏稠狀。

2 取另一缽盆放入材料B以橡皮刮刀混合，依序加入材料A、吉利丁液、以攪拌器混合均勻。底下墊一盆冰水，靜置30分鐘左右冷卻（**a**）。烤箱預熱200℃。

3 蛋糕體作法請參考34頁「蜂蜜蛋糕」作法步驟**1**～**3**製作。蛋白加入15g糖打發製成蛋白霜。蛋黃加入5g糖攪拌呈淺色霜狀後加入豆漿（**b**）繼續打發，加入麵粉與蛋白霜混合後，完成蛋糕麵糊。

4 倒入琺瑯盒中攤平（**c**），以200℃烤箱溫度烤9～10分鐘。出爐後置於網架上。連同網架鬆鬆的套上較大的塑膠袋，略微降溫。

5 撕去烘焙紙，將有上色的面朝上呈縱向放置，末端斜切。表面塗上混合均勻的材料C，將步驟**2**厚厚的塗在蛋糕的前端，留3cm左右空白，以提起向前移動烘焙紙的方式將蛋糕捲好（**d**），接口朝下以保鮮膜包妥置於冷藏室中休息1小時左右。

＊以冷藏保存。

a

b

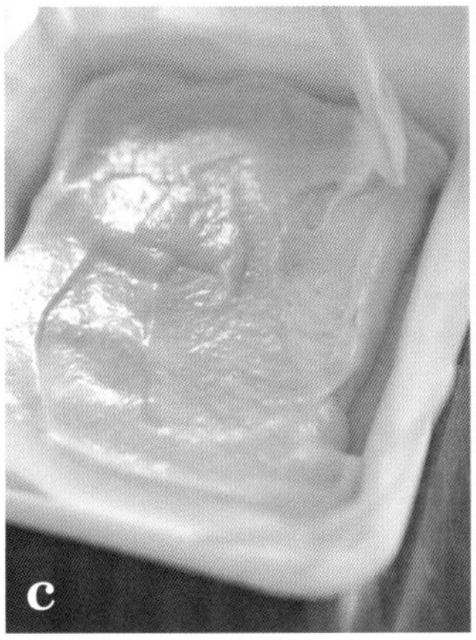
c

d

豆漿餅乾

加入了燕麥片的麵團，
酥脆的口感非常棒，
黃糖的溫和甜味在口中綻放。

材料（21×16.5×深度3cm的琺瑯盒1個）

A
- 低筋麵粉：80g
- 黃糖：50g（二砂等未精煉的砂糖）
- 鹽：少許

燕麥片：20g
菜籽油：3大匙
豆漿（原味）：2小匙

事前準備

- 將琺瑯盒鋪上烘焙紙。

作法

1 將材料A篩入缽盆中，加入燕麥片以切板混合均勻。依序加入菜籽油、豆漿，每次加入一項材料以切板混合均勻。

2 以手將材料整形成四方形麵團，以保鮮膜包妥置於冷藏室中休息1個小時。

3 烤箱以170℃預熱。將步驟**2**置於琺瑯盒中，以手壓平（就算材料有點鬆散，可以用手成團就沒關係），以叉子均勻在麵團上戳出孔洞，劃上5×6的刀痕。以170℃烤至上色約20分鐘左右，冷卻後以手沿著切痕剝開。

燕麥片的原料是一種名為「燕麥」的麥子，壓扁乾燥製成，是種富含食物纖維、維他命、礦物質等的健康食材。添加在餅乾或是蛋糕中，會產生顆粒口感。

玉米豆漿蒸糕

加入一小撮鹽畫龍點睛，
使得玉米自然的甜味提升，
除了可以當點心以外，當成早餐也很適合。

材料（21×16.5×深度3cm的琺瑯盒1個）

A
- 低筋麵粉……100g
- 泡打粉……½大匙
- 鹽……1小撮

- 三溫糖……40g
- 雞蛋……1個
- 豆漿（原味）……3大匙
- 橄欖油……1大匙
- 玉米……½根（玉米粒淨重120g）

*亦可使用玉米罐頭。

事前準備

- 將玉米置於已經產生蒸氣的蒸籠內，大火蒸5分鐘，蒸熟後以刀切下玉米粒，（如果是使用玉米罐頭，請瀝除水分）。
- 將琺瑯盒鋪上烘焙紙。

作法

1 將雞蛋與砂糖置於缽盆中，以攪拌器攪拌至砂糖溶解。依序少量多次加入豆漿、橄欖油，每加入一項請確實混合後再加入下一項。

2 篩入材料A，使用橡皮刮刀以切拌的方式略微混合至粉類材料消失，加入玉米粒混合。

3 倒入琺瑯盒中，置於已經產生蒸氣的蒸籠內大火蒸煮15分鐘。以竹籤戳穿中央部位，若無殘留液體材料即可。

三溫糖帶有焦糖香，風味濃郁，可用來製作料理或點心，尤其適合帶有濕潤口感與濃醇的種類。

豆漿芒果寒天

在寒天即將凝固成型的前一刻，
才加入砂糖與果醬，是操作的重點。
這樣一來豆漿與芒果的美味就會融合在一起。

材料（21×16.5×深度3cm的琺瑯盒1個）

A
- 豆漿（原味）⋯150ml
- 三溫糖⋯20g

B
- 粉狀寒天⋯1g
- 水⋯50ml

芒果⋯½個（芒果肉淨重100g）

C
- 三溫糖⋯2大匙
- 黃檸檬汁⋯1小匙

事前準備

- 將芒果去皮切成2cm小塊狀與材料C混合均勻。
- 將琺瑯盒鋪浸泡在冰水中冷卻備用。

作法

1 將材料A置於小鍋中，以木杓一邊混合一邊加熱，待鍋中砂糖溶解後倒入缽盆中。

2 接著將材料B置於小鍋中，以木杓混合均勻以小火加熱，沸騰後一邊攪拌一邊再煮1分鐘熄火。離火後加入步驟1，混合均勻倒入琺瑯盒中冷卻。

3 四個角落開始凝固時，將芒果連同湯汁均勻淋上，靜置於冷藏室中1個小時至完全冷卻凝固。

豆漿布丁

豆漿做成的卡士達醬以吉利丁定型，
除了口感輕盈、更帶著烤布丁般的濃郁，
蛋黃不過度煮熟，正是成就滑潤口感的訣竅。

材料（21×16.5×深度3㎝的琺瑯盒1個）

A
- 蛋黃……1個
- 三溫糖……20g

B
- 豆漿（原味）……120ml
- 蜂蜜……1大匙

- 原味優格……60g

C
- 鮮奶油……4大匙
- 黃檸檬汁……2小匙

- 吉利丁片……3g
- 楓糖漿……適量

事前準備

- 將吉利丁片泡在稍多的水量裡，加入1～2個冰塊使其膨脹。

作法

1 將材料A置於缽盆中，以攪拌器攪拌至呈白色霜狀，再少量多次加入加熱至沸騰前一刻的材料B。最後將所有材料移至小鍋中，以小火加熱至沸騰前，離火後加入擰乾的吉利丁片使其溶解。

2 將材料C置於缽盆中，底部墊一盆冰水以攪拌器攪拌至產生稠度後，加入優格混合均勻。

3 將步驟**1**移至另外的缽盆中，底部墊一盆冰水以攪拌器攪拌略微降溫，加入步驟**2**混合均勻，再倒入琺瑯盒中，靜置於冷藏室中2個小時以上冷卻凝固，淋上楓糖漿享用。

豆漿香蕉冰

香蕉加入砂糖加熱後，
香甜的風味更加提升。
加入些許鮮奶油提味，是一道風味濃醇的冰品。

材料（21×16.5×深度3cm的琺瑯盒1個）

A
- 豆漿（原味）……150ml
- 三溫糖……40g

香蕉（全熟）……1根
（果肉淨重100g）

B
- 鮮奶油……4大匙
- 黃檸檬汁……½大匙

作法

1 將材料A與剝成小塊的香蕉放入小鍋中，以中火加熱，使用耐熱的杓子將香蕉一邊壓碎，一邊煮至鬆軟約2～3分鐘，煮好後略微降溫備用。

2 將材料B加入缽盆中，底部墊一盆冰水，使用攪拌器攪拌至產生稠度。加入步驟**1**以橡皮刮刀略微混合，倒入琺瑯盒靜置於冷凍庫中2小時，使其冷卻凝固。

3 從冰箱取出，以湯匙刮鬆攪拌後，再放回冷凍庫中靜置2個小時，使其冷卻凝固。享用時自冰箱取出，靜置片刻使其軟化後再享用。

松本朱希子

1976年廣島生。就讀京都大學時，成爲料理家平山由香老師的助理，經由平山老師介紹，認識了紙藝家井上由季子老師，藉由在老師的工作室「モーネ工房」提供午餐的機會，開始於工作室內設立「蛙食堂」。現在與丈夫二人居住於東京。使用季節食材等對身體有益的材料設計成的食譜，在雜誌與書籍內刊載。目前籌劃在故鄉廣島面海的地點開設食堂。著有「蛙食堂的乾物與醃漬物」（地球丸）「蛙食堂的愛用食材與廚事工具」（筑摩書房）等。

4

桑原奈津子老師

水果乾製作的點心

桑原老師說，
她最喜歡水果蛋糕或者穀麥等⋯⋯
含有大量水果乾果的點心。
是濃縮了太陽的恩惠，
營養豐富的味道，
不需要仰賴砂糖與雞蛋，
都能讓人一口接一口的好滋味。

◉ 無花果水果條
◉ 杏桃可可水果條 — 作法請參考47頁

與從事設計的丈夫二人＋三隻毛孩子一同生活。著有『麵包與他』以及『麵包與他 2』，內容爲每日的早餐，與喜歡麵包的愛犬 Cyapuru 與愛貓們的寫眞書，均爲（パイインターナショナル）出版，頗受好評，和諧不矯飾的氣氛，點出了桑原老師的日常風景。

亦著有以穀麥爲主題書籍的桑原老師，也非常喜歡水果乾。

「添加大量以蘭姆酒浸泡的水果乾所製成的蛋糕，或混合數種果乾、堅果所做成的史多倫（Stollen）；或者加進麵包裡都很棒。老師也很喜歡類似葡萄乾但是外型較小的黑醋栗，如果是使用葡萄乾感覺過甜的時候，就會改用黑醋栗，外表不僅可愛，風味上也比較平衡。時常被添加在質地鬆軟的點心裡」。

平時給人沈默寡言印象的桑原老師，一提到點心就變得活潑健談。

「如果是無花果乾或杏桃乾，在做成磅蛋糕時，也可以使用糖漬的種類。也常會製作添加了葡萄乾的蒸糕。通常我喜歡混合各式果乾一起使用，成爲更有深度的美味，使用這些果乾所製作的點心，風味的層次也會向上提升。」

確實，本次所介紹的烘焙點心，不論是哪一種，都僅需將材料放進缽盆中一起混合，倒入琺瑯盒中就能烘烤完成，完全不容易失敗的種類。而且大多是不使用雞蛋、簡單的配方，但是卻能保有後韻的好味道。口感豐富、味道多層次，就算是品嚐的份量不多，也可以得到滿足感的點心。

胖胖的惹人喜歡的杯子等，在餐具櫃裡隨意擺放著。餐具櫃的門把上掛著鑲有小鐵君照片的掛飾。這是熟識的設計師們與攝影師辦展覽時，做爲手冊模特兒所拍攝的照片。

收納了餐具的櫃子上，是擺放茶具與茶葉的地方。爲了每天早上一定要喝茶或咖啡的丈夫所準備，紅茶、香草茶、南非茶…等都是不可缺少的必需品。

「眞的差不多都是僅需"混合後進烤箱"如此簡單的點心。本次所介紹的點心裡，粉類加入材料之後連攪拌均勻都不需要，都是黏糊狀的麵糊，所以只需將粉類材料跟其他材料混合在一起即可。在倒入琺瑯盒之後，以"壓緊"這樣的方式，用橡皮刮刀平整，只要不讓空氣進入麵糊中就可以了。」

此外，例如在製作優格冰砂時，可以利用水果乾本身的甜味，減低添加的砂糖份量，也是讓人很開心的優點。

「與本次使用的琺瑯盒差不多大小的焗烤盤，在平時就很常被使用來製作提拉米蘇或克拉芙堤（Clafoutis）等點心。在製作烤布丁時，也會用來當作外層的水盤使用。對我來說，也是一個很慣用的尺寸。不僅如此，琺瑯盒的厚度較薄也是一個優點。在點心當中，我們家偏好不使用雞蛋，質地較硬的餅乾；或者口感酥脆的餅乾；添加許多水果乾的水果條、或燕麥餅（Flapjack）、巧克力條等，口感紮實厚度較薄的種類，所以對於我來說亦是非常重要的器具之一。」

這是日常愛用的古董琺瑯盒。褪色與掉漆的部分顯得很有味道。用來做料理的材料準備，或者取代餐盤，用來裝盛甜甜圈或沙拉等，使用頻率非常高。

材料（21×16.5×深度3cm的琺瑯盒1個）

A
- 低筋麵粉……150g
- 泡打粉……1小匙
- 肉桂粉……½小匙

杏仁粉……50g

B
- 豆漿（原味）……100ml
- 蜂蜜……90g
- 鹽……1小撮

沙拉油……4大匙
無花果乾……250g
核桃……100g

事前準備

- 將核桃以170℃烤箱溫度烤8分鐘左右，切成粗粒（**a**）。
- 無花果乾切成1cm小塊。
- 將琺瑯盒鋪上烘焙紙。
- 烤箱以180℃預熱。

無花果水果條
杏桃可可水果條

果乾與堅果緊密的結合在一起，
介於餅乾與蛋糕之間，
不使用雞蛋、鬆鬆散散的口感。

作法

1 將材料B置於缽盆中，以攪拌器混合，依序加入沙拉油（**b**）、杏仁粉，每加入一項請混合均勻再加下入一項。

2 加入無花果乾與核桃（**c**），以橡皮刮刀混合均勻後篩入材料A，混合至粉類材料消失。

3 倒入琺瑯盒中，一邊壓緊一邊攤平整型（**d**），以180℃烤35分鐘左右。冷卻後以刀子切成2cm寬條狀。

＊杏桃可可水果條作法：
材料A中的150g低筋麵粉，改成120g低筋麵粉＋30g可可粉，無花果與核桃以等量的杏桃乾（切成5mm小塊）與杏仁果（一整顆）替代，作法相同。

d

c

b

a

葡萄乾黑芝麻燕麥餅

添加了燕麥片，是義大利的基本款點心。
裡面有豐富的果乾與堅果，
加上了奶油與蜂蜜，以烤箱加熱定型。
黑糖增加濃郁再佐以上肉桂的香氣。

材料（21×16.5×深度3cm的琺瑯盒1個）

A
- 燕麥片…200g
- 葡萄乾…100g
- 杏仁果（整顆）…50g
- 肉桂粉…少許

B
- 無鹽奶油…80g
- 蜂蜜…50g
- 黑糖（粉末）…40g

事前準備

- 將杏仁果以170℃烤箱溫度烤8分鐘左右。
- 將琺瑯盒鋪上烘焙紙。
- 烤箱以180℃預熱。

作法

1 將材料A置於缽盆中，以橡皮刮刀略微混合。（**a**）

2 將材料B置於鍋中以中火加熱，使用耐熱杓子混合均勻將砂糖溶解（**b**），加入步驟**1**整體混合均勻（**c**）。

3 倒入琺瑯盒中，一邊壓緊一邊攤平整型，壓去空氣（**d**），以180℃烤30分鐘左右。冷卻後以刀子切成2×4列。

＊若表面有葡萄乾突起會烤焦，在放進烤箱前盡量壓進材料裡。

d

c

b

a

杏桃酥頂起司蛋糕

起司加上杏桃乾，
變成了充滿水果香氣的起司蛋糕，
酥脆的頂層，提升了口感的層次。

材料（21×16.5×深度3cm的琺瑯盒1個）

A
- 奶油起司：200g
- 酸奶油：100g

B
- 黃糖：50g（二砂等未精煉的砂糖）
- 雞蛋：1個（＋製作酥頂剩下的雞蛋）
- 黃檸檬汁：2小匙
- 低筋麵粉：2大匙

杏桃乾：80g

【酥頂】

無鹽奶油：20g

C
- 黃糖：20g
- 鹽：1小撮
- 蛋液：2小匙
- 低筋麵粉：80g

事前準備

- 將奶油起司、雞蛋、奶油置於室溫下回溫。
- 杏桃乾切成5mm小塊。
- 將琺瑯盒鋪上烘焙紙。
- 烤箱以180℃預熱。

a

作法

1 製作酥頂。將奶油置於缽盆中，以橡皮刮刀刮拌成霜狀，依序加入材料C（低筋麵粉篩入），每加入一項材料請混合均勻後再加入下一項，直至所有材料呈鬆散狀。（a）

2 取另一缽盆放入材料A，以攪拌器攪拌至軟化、依序加入材料B（低筋麵粉篩入），每加入一項材料請混合均勻後再加入下一項，最後加入杏桃乾以橡皮刮刀混合均勻。

3 倒入琺瑯盒中，以180℃烤20分鐘左右，暫時自烤箱取出，均勻撒上步驟**1**的酥頂，續烤15分鐘。烤好後略微降溫，連同琺瑯盒置於冷藏室內2小時以上冷卻。

藍莓果乾白巧克力

在白巧克力中加入了堅果與棉花糖，
再佐以藍莓果乾的香氣與酸味，
玉米脆片爽脆的口感也讓人期待。

材料（21×16.5×深度3cm的琺瑯盒1個）

板狀巧克力（白）：8片（320g）
藍莓果乾：100g＊
腰果：50g
棉花糖：40g
玉米脆片：30g

＊如果有的話，可以選用尺寸較小的野生藍莓。

事前準備

- 將腰果以160℃烤箱溫度烤8分鐘左右。
- 棉花糖切成1cm小塊。
- 將琺瑯盒鋪上烘焙紙。

作法

1 將白巧克力剁成小塊以隔水加熱（底下墊一盆熱水）方式，使用耐熱杓子攪拌使其融化。融化後加入所有材料以橡皮刮刀混合均勻。

2 倒入琺瑯盒中抹平整型，置於冷藏室中2個小時以上使其定型。

＊或以杏桃乾、藍莓乾、綜合水果乾等製作也很美味。

＊以冷藏保存。

芒果乾優格冰砂

將芒果乾浸泡在優格中靜置一晚，
就會恢復柔軟而且非常地美味。
再來只需要混合些許鮮奶油，就是這樣單純的美好風味。

材料（21×16.5×深度3cm的琺瑯盒1個）

原味優格……400g
芒果乾……50g
［鮮奶油……100ml
［細白砂糖……50g

事前準備

・將芒果乾切成1cm小塊。

作法

1 將原味優格與芒果乾置於琺瑯盒中，以湯匙混合均勻後，置於冷藏室中靜置一晚。

2 將鮮奶油與砂糖置於缽盆中，以攪拌器打至膨鬆（八分發）。加入步驟**1**以橡皮刮刀攪拌均勻，置於冷凍庫中2～3小時使其冷卻硬化。

＊以果汁機打成雪酪也很好吃。
＊亦可使用鳳梨乾或者蘭姆葡萄乾製作，也非常美味。

桑原奈津子

1972年廣島生。幼年時在比利時成長，美術大學畢業後，曾於咖啡店的麵包工房値勤。受著名製粉公司食品研發室提攜，離職後獨立成爲個人料理研究家。除了在雜誌與書籍中進行食譜提案外，帶有懷鄉特色的個人風格也很受歡迎。著有『美味麵糊的磅蛋糕』（家の光協会）、『簡單手工穀麥片與什錦穀麥（主婦の友社）等書。

http://www.qullo.com/

5

黃豆粉與芝麻的點心

『t·i·r·o·i·r』高吉洋江老師

仔細的解說、超級美味的食譜配方，
熱門的小班制烘焙教室・t·i·r·o·i·r。
黃豆粉與芝麻更是高吉老師本人就很喜歡的食材，
添加在鬆軟的蛋糕卷、濃郁的布朗尼中；
利用吉利丁定型的布丁、冰砂裡⋯。
將烘焙教室的基本款點心帶到各位面前。

● 黃豆粉迷你蛋糕卷
● 黑芝麻迷你蛋糕卷—作法請參考57頁

距離最近的車站步行約12分鐘、位於神奈川縣閑靜的住宅區高地處的高吉老師自宅。在自家開設小班制烘焙教室『tiroir』。『tiroir』這個字在法語中是『抽屜』的意思。「這裡是將一路走來累積的經驗與珍貴的食譜配方，這些收藏在抽屜裡的種種，介紹給大家的教室。」帶著命名之意，與丈夫、以及8歲與4歲的兒子一起生活。

小學生時期，媽媽帶著他參加了第一次的烘焙教室。當時所製作的布朗尼被親戚的姊姊讚不絕口，稱讚：「就像是在店裡賣的一樣！」心裡非常開心，因爲這個經驗，所以對做點心產生了興趣的高吉老師。大學畢業後在法國的糕點學校唸書，回國之後在「afteroom tea」的外帶產品研發室任職七年。

「當時在店裡，眞的有許多客人。但是這是一份，就算客人們吃著我所研發的點心，卻也無法跟客人有任何互動的工作…。我想從事一份可以與吃了點心的人們更靠近的行業…。進而下定決心，離職開設烘焙教室。」

小班制的料理教室『tiroir』，位於神奈川的閑靜住宅區。非常喜歡烘焙點心，高吉老師教室裡的菜單，一定會有一道烘焙點心與一道其他的甜點。而人氣糕點之一，就是採用黃豆粉與黑芝麻做的點心。

「黃豆粉用來製作蛋糕卷、布朗尼、餅乾等都很好吃，或者是單純混合豆漿喝也很不錯。我也很喜歡將黃豆粉與奶油混合、塗抹在麵包或餅乾上面。芝麻的話，有各種樣式，應用範圍更廣。芝麻或芝麻粉可以用來製作磅蛋糕、戚風蛋糕、司康、餅乾等烘焙點心。芝麻醬可以做成布丁、或者加在楓糖漿中，搭配磅蛋糕等…。依照需要選擇不同形式的芝麻也很有趣。」

大樑外露挑高的天花板，帶著一種北歐的風格，充滿木頭溫暖色調的高吉宅。將一整層的二樓空間規劃爲餐廳與廚房，亦是開設課程時教室的空間。

櫥櫃上方，裝在可愛罐子裡的蜂蜜與香料茶等，統一收納在一起。這個木製的蛋糕架是朋友送的，充滿回憶的禮物。

製作點心時必需的工具：量杯、刮板、橡皮刮刀等，亦在教室中販售。多彩獨特造型，兩種尺寸的壓克力海綿刷，是熟識職人的作品。

配合烘焙點心，在每次的課堂中也會分享使用道具的高吉老師。在大型冰箱上的籃子裡，毫不矯飾的放著洋蔥。

珐瑯盒平時以製作烘焙點心爲主，使用頻率也非常高。

「稍微大一點尺寸的珐瑯盒，會用來製作酥頂派、克拉芙堤（Clafoutis）、烤步樂（cobbler）等。可以直接加熱，所以使用珐瑯盒製作焦糖醬、或是直接倒上蛋液做成布丁，用來煎蘋果之後，直接倒入麵糊做成蘋果蛋糕…等。」

高吉老師現在在教室中所介紹的配方份量，比較多爲直徑15cm的圓形烤模、18cm長的磅蛋糕模、或者直徑17cm的戚風模，跟昔日相較，尺寸上小了許多。而本次所使用的珐瑯盒尺寸，也剛好是這些平日慣用模具可直接替用的材料份量大小。

「如果是蛋糕卷的話，可以做出一整條送人的尺寸。使用的雞蛋份量僅需1個，麵糊製作也非常簡易，珐瑯盒的厚度淺，烘烤的時間也縮短。用來製作布丁或冰品，冷卻與定型的時間也大幅縮短。讓手工點心製作與我們之間的距離也更靠近了。

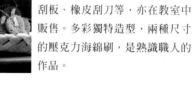

黃豆粉迷你蛋糕卷
黑芝麻迷你蛋糕卷

以確實打發的蛋白霜製作，
所以海綿蛋糕體的部分小巧鬆軟，
就算是初學者，都能簡單捲好的尺寸。

材料（21×16.5×深度3cm的琺瑯盒1個）

【海綿蛋糕】
低筋麵粉……15g
黃糖……20g（二砂等未精煉的砂糖）
雞蛋……1個
豆漿（原味）……4小匙
菜籽油……2小匙

【黃豆粉乳霜】
鮮奶油……50ml
黃豆粉……1大匙多
黃糖……1大匙

事前準備

・將將琺瑯盒鋪上藁半紙。＊
・烤箱以180℃預熱。

＊半藁紙可使用無印良品的「塗鴉本」非常方便，不僅可以吸收麵糊的水分，在撕除的時候也不易留下痕跡。

作法

1 將蛋白與蛋黃分開，置於不同的缽盆中。蛋黃加入¼份量的糖以攪拌器打至白色乳霜狀。依序加入菜籽油、豆漿、混合均勻後篩入低筋麵粉拌勻。

2 蛋白加入些許鹽（份量外）以電動攪拌器低速打成蛋白霜，打至盆中蛋白在缽盆傾斜狀態下也不會流動時，將剩餘的糖分三次加入打成發泡狀態，提起時前端略略下垂的蛋白霜（**a**）。

3 將1湯匙蛋白霜加入蛋黃鍋中，以電動攪拌器略微混合，混合好之後倒入蛋白霜的缽盆中，使用橡皮刮刀以從底部舀起的方式混合均勻（**b**）。將麵糊倒入琺瑯盒中，將表面整平（**c**）。以180℃烤箱溫度烤15分鐘，從琺瑯盒中拿出降溫冷卻。

4 製作餡料，將所有材料置於缽盆中，打至前端挺立的發泡狀態。

5 撕去步驟**3**的紙，將有上色的面朝上呈縱向放置，末端斜切。前端切出3條1cm左右的切痕不切斷。將步驟**4**塗在蛋糕的前端，留2cm左右空白，以提起烘焙紙向前捲的方式將蛋糕捲好（**d**），接口朝下以保鮮膜包妥，置於冷藏室中靜置30分鐘左右。

＊黑芝麻迷你蛋糕卷：在步驟**3**中，製作蛋糕麵糊時添加2小匙黑芝麻，以2小匙黑芝麻醬取代餡料中的黃豆粉。其他作法相同。

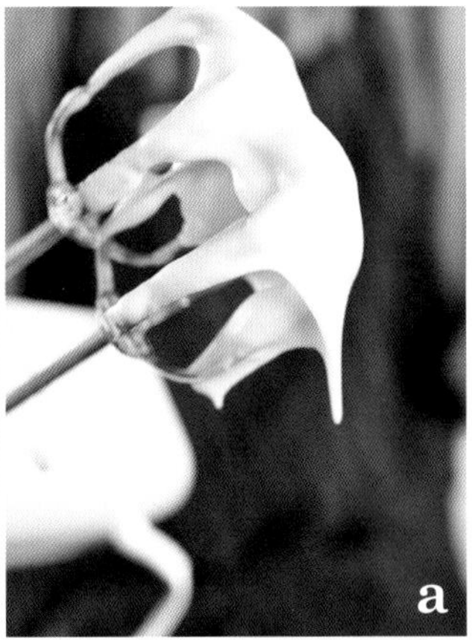
a

b

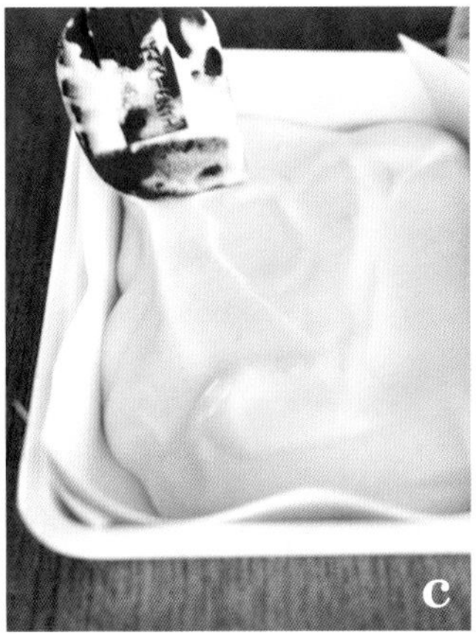
c

d

黃豆粉白巧克力布朗尼

將奶香十足的白巧克力融化後，
再加上香噴噴的黃豆粉。
配料的核桃，增加風味的濃郁。

材料（21×16.5×深度3㎝的琺瑯盒1個）

A
- 糕點用白巧克力…100g
- 無鹽奶油…30g

黃糖…40g（二砂等未精煉的砂糖）
雞蛋…1個
牛奶…35ml

B
- 低筋麵粉…40g
- 黃豆粉…40g
- 泡打粉…½小匙

核桃…20g

事前準備
- 將核桃以160℃烤10分鐘左右，切成粗粒。
- 將雞蛋、牛奶置於室溫回溫。
- 將白巧克力切成粗粒。
- 將琺瑯盒鋪上烘焙紙。
- 烤箱以160℃預熱。

作法

1 將材料A置於缽盆中，盆外以隔水加熱的方式（底下墊一盆60℃左右的熱水），使用攪拌器攪拌使其融化。依序加入牛奶、砂糖、雞蛋，每加入一種材料時，請混合均勻後再加入下一項，

2 篩入材料B，以攪拌器混合至麵糊有光澤，滑順爲止。

3 倒入琺瑯盒中整平，撒上核桃，以160℃烤20～23分鐘左右。

黑芝麻巧克力布朗尼

在巧克力麵糊中添加了芝麻醬，
是一款風味濃郁的布朗尼，
僅需簡單的混合材料，是一道使用一個缽盆就可以完成的配方。

材料（21×16.5×深度3cm的琺瑯盒1個）

A
- 糕點用巧克力（苦甜）：100g
- 無鹽奶油：20g

黑芝麻醬：50g
黃糖：40g
（二砂等未精煉的砂糖）
雞蛋：1個
牛奶：35ml

B
- 低筋麵粉：40g
- 泡打粉：½小匙

黑白芝麻：各½小匙

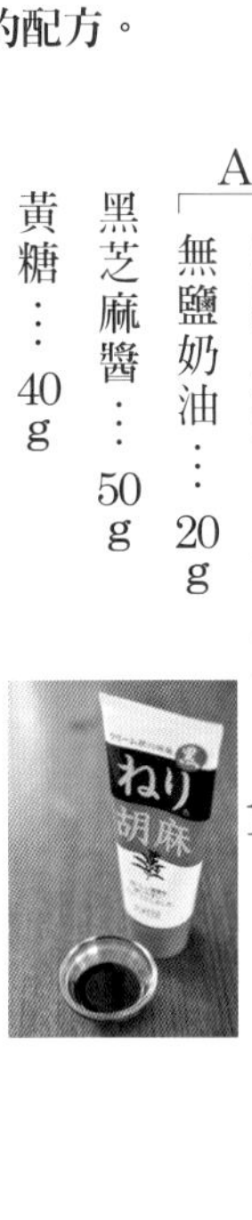

黑芝麻醬和搗碎的黑芝麻，與楓糖漿一起搭配煎餅、司康等都很美味。

事前準備

- 將雞蛋、牛奶置於室溫回溫。
- 將苦甜巧克力切成粗粒。
- 將琺瑯盒鋪上烘焙紙。
- 烤箱以160℃預熱。

作法

1 將材料A置於缽盆中，盆外以隔水加熱的方式（底下墊一盆60℃左右的熱水），使用攪拌器攪拌使其融化。依序加入牛奶、砂糖、雞蛋、芝麻醬，每加入一種材料時，請混合均勻後再加入下一項。

2 篩入材料B以攪拌器混合至麵糊有光澤滑順爲止。

3 倒入琺瑯盒中整平，撒上芝麻，以160℃烤18～20分鐘左右。

黃豆粉奶油蛋糕

加了大量的黃豆粉、降低糖份的配方。
爲了讓蛋糕體保持濕潤，加入了高筋麵粉是訣竅。
享用前略微加熱，會增加膨鬆的美味口感。

材料（21×16.5×深度3㎝的琺瑯盒1個）

A
- 高筋麵粉：：50g
- 低筋麵粉：：40g
- 泡打粉：：1小匙

無鹽奶油：：90g
黃糖：：70g（二砂等未精煉的砂糖）
黃豆粉：：40g
雞蛋：：2個
鹽：：少許

事前準備
- 將奶油置於室溫回溫。
- 將琺瑯盒鋪上烘焙紙。
- 烤箱以180℃預熱。

作法

1 將軟化的奶油置於缽盆中，以攪拌器打至膨鬆，依序加入砂糖、鹽、黃豆粉，每加入一種材料時，請混合均勻後再加入下一項。

2 少量多次加入打散的蛋液，每加入一次時，請混合均勻後再加入下一次，篩入材料A以橡皮刮刀混合至粉類材料消失後，以橡皮刮刀抵住底部，攪拌至有光澤滑順爲止。

3 倒入琺瑯盒中整平，以180℃烤25分鐘左右。

＊在烘烤前攪拌是爲使麵糊質地均勻。

黃豆粉與黑芝麻豆漿布丁

使用豆漿與吉利丁做出風味清爽的布丁。
以冰水產生稠度後再冷卻凝固，
就可避免材料分層的情況。

材料（21×16.5×深度3cm的琺瑯盒1個）

豆漿（原味）…400ml

A
- 黃豆粉…3大匙
- 黃糖…2大匙（二砂等未精煉的砂糖）
- 粉狀吉利丁…5g
- 水…2大匙

【黑糖漿】*

黑糖（粉末狀）…4大匙

水…40ml

黃豆粉…適量

*亦可使用市售黑糖蜜替代

事前準備

・將吉利丁泡在水使其膨脹。

作法

1 將材料A置於小鍋中，以杓子攪拌均勻，再加入半量豆漿以中火加熱，一邊攪拌一邊使砂糖溶解。熄火後加入膨脹的吉利丁混合均勻，以餘溫溶解，最後加入剩下的豆漿混合均勻。

2 在小鍋底部墊一盆冰水，以橡皮刮刀攪拌降溫至產生稠度，混合均勻後倒入琺瑯盒中，靜置於冷藏室中2個小時以上冷卻凝固。

3 將糖漿材料置於耐熱容器中混合均勻後，以微波爐（600W）加熱40秒使其溶解後，放涼備用。享用時淋在布丁上。

*黑芝麻豆漿布丁…

除去材料A中的黃豆粉，在步驟**1**時加入剩下的豆漿中，混入3大匙黑芝麻醬，以攪拌器充分混合均勻。

黃豆粉冰砂

僅需使用湯匙攪拌混合，冷卻定型即可。
連鮮奶油都不使用，是一道非常簡單的冰砂。
有了煉乳的加持，讓口感奶香四溢。

材料（21×16.5×深度3cm的琺瑯盒1個）
原味豆漿⋯300ml
煉乳（含糖）⋯90g
黃豆粉⋯4大匙

作法

1 將所有材料置於缽盆中，以湯匙混合均勻（黃豆粉若有結塊也沒關係，之後再攪拌就可以了）。

2 倒入琺瑯盒中，靜置於冷凍庫1個小時冷卻使其凝固，當四周開始變硬時就可以暫時取出，以木杓將整體拌勻攤平，再放入冷凍庫。

3 放回冷凍庫靜置40～50分鐘，再以木杓將整體拌勻攤平，再放入冷凍庫冷凍。30分鐘與15分鐘後再重複操作。

＊琺瑯盒的邊緣比較容易降溫變硬，可以稍微空出一點空間，跟邊緣保持一點距離

高吉洋江

1973年岡山生，就讀大學期間在食物裝飾學校學習，畢業後赴法，在巴黎藍帶學院學習點心製作，於5星級飯店實習後返日。任職「afterroom tea」外帶商品研發部門後獨立，於自宅開設小班制烘焙點心教室『tiroir』。
http://www.geocities.jp/tiroir_web/

6

優格點心

若山曜子老師

擅長製作惹人憐愛，法式點心的
料理家若山老師，
對於只需簡單混合，
就能完成的點心也非常熱愛。
以同時擁有奶香的美味、
與清爽酸味的優格製作，
在此介紹在自家都能輕鬆做出的
烘焙點心與糕點。

◉ 烤優格蛋糕—作法請見68頁

若山老師說：法式點心給人一種多以奶油製作、口味濃郁…的強烈印象。但是若山老師所介紹的蛋糕，卻讓人爲之改觀。

「在法國有一種名爲 Gâteau yaourt 的優格蛋糕喔。是一種『不需要使用計量器具，就可以製作的烘焙點心。』這個基本款蛋糕在學生時代，應法國友人邀請前往名爲『maison de champagne』的別墅裡，第一次與這款蛋糕相遇。使用裝優格的小容器，優格與奶油各1杯、砂糖2杯、粉3杯、雞蛋2個，攪拌均勻後用烤箱烤一烤就可以了，非常簡單喔～」

而且法國優格的種類本來就很多，香草慕斯、洋梨與杏仁果、鹽味焦糖、芒果、藍莓等口味，款式很多元，可以直接食用的更是壓倒性的佔多數。

「如果提到使用優格製作的點心，還有楓丹白露（Fontainebleau），也被稱爲 Crémet d'Anjou（白乳酪蛋糕），這款蛋糕本來是由一種稱爲 fromage blanc（法國白乳酪）的新鮮起司所製作，但是我喜歡用濾去水分的優格，混合打發的鮮奶油之後製作。直接享用也不錯，但是加上蜂蜜或者水果醬汁，質感輕盈、口味濃郁，非常好吃。此外，例如磅蛋糕等美式蛋糕，我也會使用優格替代奶油與牛奶。」

一打開玄關門，隨時都充滿著奶油香甜的若山老師家。除了各種法式糕點以外，亦有以法式輕食或梅干爲主題…等的料理著作，範圍多元。在東京自由之丘附近的自宅開設小班制點心教室。

確實濾除水分的優格，
就像是奶油起司一般，帶著濃郁的風味。
使用它製作起司蛋糕，
不僅味道濃郁、後韻更是清爽無負擔。
不使用檸檬汁，而是用磨取的檸檬皮，
溫和的酸味是製作的重點。

自從大學時期赴法留學，畢業後在巴黎與尼斯就學，取得國家製菓資格後，有著在巴黎餐廳就職資歷的若山老師，其實點心製作不僅拿手，更是她非常喜歡的食物，只要隨意混合就能製作的簡單點心，更是她最喜歡的。

「老師本身也很常使用琺瑯盒製作點心。在試做烘焙點心時少量也可以，非常方便。也使用琺瑯盒製作布朗尼等，本身就喜歡四角形的模具，比起圓形更容易切分，也方便取食。用來製作布丁或果凍也是恰好的規格。」

優格一旦濾除水分後，混合奶油起司或鮮奶油，便可以取代奶油使用在各種點心製作上。烤起司蛋糕、起司蛋糕、優格蛋糕以及提拉米蘇！而且不僅手續簡便，成品更飄著一股淡淡的法國風味。

大量從法國購入的外文書。不僅有點心方面的書，料理方面的也不少。「隨意翻閱，在此獲得食材組合等靈感。」

若山老師說：「有點高度的蛋糕架，妝點了餐桌上的風景。」左側為法國製，用來裝馬德蓮或費南雪等；右側較大的是美國製產品，用來裝盛戚風蛋糕等。

在餐具櫃裡擺放的古董器皿，是在法國的跳蚤市場購得，「我會買日常可以使用的器皿，太過高價的不會買，在教室裡也能派上用場，所以大概一次都會買 6 個一組呢。」

烤優格起司蛋糕

材料（21×16.5×深度3cm的琺瑯盒1個）

A
- 濾水優格……400g
- 酸奶油……100g
- 黃糖……60g（二砂等未精煉的砂糖）
- 鹽……1小撮

無鹽奶油……40g
雞蛋……2個
鮮奶油……100ml
玉米粉……1又½大匙
黃檸檬皮（國產）刨成碎末……½個

事前準備

- 將優格置於墊上廚房紙巾的濾網上，下方放置一個碗，靜置3個小時～一晚，可得到200g左右的濾水優格（**a**）。*
- 將雞蛋置於室溫下回溫。
- 奶油切成小塊，置於耐熱容器中，以微波爐（600W）加熱40秒使其融化，靜置片刻略微降溫。
- 將琺瑯盒鋪上烘焙紙。
- 烤箱以180℃預熱。

*若不足200g，可以添加些許濾出的水分。

作法

1 將材料A放入缽盆中，以攪拌器混合（**b**），依序加入鮮奶油、打散的蛋液、融化的奶油，每加入一種材料時，請混合均勻後再加入下一項。

2 篩入玉米粉、加入檸檬皮（**c**）攪拌混合。

3 將攪拌好的材料倒入琺瑯盒中（**d**），以180℃烤30分鐘左右。略微降溫後連同琺瑯盒置於冷藏室中一晚冷卻。

*也可將所有起司蛋糕的材料，以食物調理機一次混合均勻。

a

b

c

d

優格起司蛋糕

以濾水優格與鮮奶油製作，
是一款口味清爽的起司蛋糕。
底部的奧利奧餅乾，微苦的滋味提升了味道層次。

材料（21×16.5×深度3cm的琺瑯盒1個）

濾水優格…400g
鮮奶油…200g
砂糖…50g
［粉狀吉利丁…5g
水…1又½大匙

【底部】
奧利奧（Oreo）餅乾…9片（1包）
無鹽奶油…20g

裝飾用藍莓果醬…適量

事前準備

- 將優格置於墊上廚房紙巾的濾網上，下方放置一個碗，靜置3個小時～一晚，可得到200g左右的濾水優格（參考右側頁面）。
- 將優格、鮮奶油、奶油置於室溫下回溫。
- 吉利丁泡水備用。

作法

1 製作蛋糕底部。將奧利奧餅乾（連同夾心）置於夾鍊袋中，以擀麵棍敲成碎末。加入軟化的奶油，隔著夾鍊袋揉搓均勻，倒入琺瑯盒上鋪保鮮膜，以手壓緊，置於冷藏室中冷卻。

2 取50ml的奶油置於耐熱容器中，以微波爐（600W）加熱30秒，加入泡水膨脹的吉利丁溶解。倒入缽盆中，加入濾水優格、砂糖以攪拌器混合均勻，最後加入剩下的鮮奶油。

3 將混合好的材料倒入步驟**1**的琺瑯盒中，置於冷藏室中2個小時以上使其定型，最後淋上以少許熱水略略稀釋過的藍莓果醬後享用。

優格蛋糕

在法國被稱爲 Gâteau yaourt，
是一款僅需攪拌就可以完成的簡單蛋糕，
奶油融化後才使用，不需要費力打發。
濕潤濃郁的口感。

材料（21×16.5×深度3cm的琺瑯盒1個）

A
- 低筋麵粉……220g
- 泡打粉……1小匙
- 砂糖……120g

B
- 無鹽奶油……150g
- 原味優格……100ml
- 雞蛋……2個
- 黃檸檬皮（國產）刨成碎末……¼個

事前準備

- 將雞蛋置於室溫下回溫。
- 奶油切成小塊，置於耐熱容器中，以微波爐（600W）加熱1分鐘使其融化，靜置片刻略微降溫。
- 將琺瑯盒鋪上烘焙紙。
- 烤箱以180℃預熱。

作法

1 將材料B置於缽盆中，以攪拌器攪拌混合（**a**）。

2 取另一缽盆篩入材料A，加入砂糖攪拌混合，將步驟**1**分三次加入（**b**），每加入一次請充分混合之後再加下一次（**c**）。

3 倒入琺瑯盒中（**d**）攤平整型，以180℃烤箱烤30分鐘。

＊加有優格的麵糊，從中心向外側緩緩混合會比較容易混合均勻。

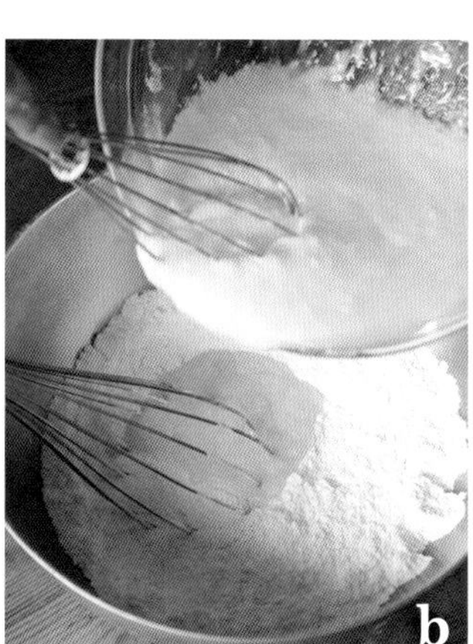

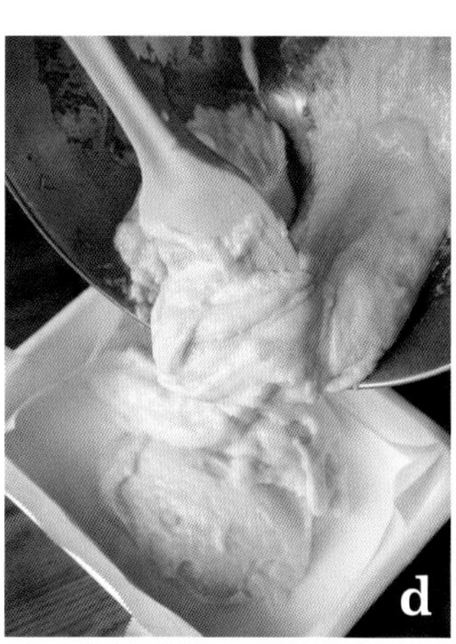

可可大理石優格蛋糕

這裡是添加了可可粉，做成的大理石蛋糕版本。
加了少量的可可粉與原味的麵糊交錯在一起，
各別放進琺瑯盒之後再混合，是操作的重點。

材料（21×16.5×深度3㎝的琺瑯盒1個）

A
- 低筋麵粉……220g
- 泡打粉……1小匙
- 砂糖……120g

B
- 無鹽奶油……150g
- 原味優格……100ml
- 雞蛋……2個

C
- 可可粉……3大匙
- 牛奶……40ml

事前準備

- 將雞蛋置於室溫回溫。
- 奶油參考71頁使用微波爐加熱融化、略微降溫備用。
- 材料C混合備用。
- 將琺瑯盒鋪上烘焙紙。
- 烤箱以180℃預熱。

作法

1 將材料B置於缽盆中，以攪拌器混合攪拌均勻。

2 取另一缽盆篩入步驟A，加入砂糖以攪拌器混合，步驟**1**分三次加入，每加入一次請混合均勻後再加入下一次。

3 取另一較小缽盆裝入⅓份量步驟**2**，加入混合好的材料C，以攪拌器混合均勻。將這個與步驟**2**適量的在琺瑯盒中交錯擺放好，使用調理筷以畫圓的方式畫出大理石花紋（**a**）。以180℃烤30分鐘左右。

優格果凍

優格與牛奶製成的清爽果凍。
簡單的淋上冷凍覆盆子做成的果醬，
或添加罐頭水果都很美味。

材料（21×16.5×深度3cm的琺瑯盒1個）
原味優格⋯⋯200g
牛奶⋯⋯150ml
砂糖⋯⋯3大匙
黃檸檬汁⋯⋯1大匙
粉狀吉利丁⋯⋯6g
水⋯⋯2大匙
【覆盆子醬】
覆盆子（冷凍）⋯⋯100g
砂糖⋯⋯1大匙
黃檸檬汁⋯⋯1小匙

事前準備
- 將吉利丁片泡在水裡使其膨脹。

作法
1 將牛奶置於耐熱容器中，以微波爐（600W）加熱1分鐘。放入砂糖、泡發還原的吉利丁，以攪拌器充分混合均勻，所有的材料都溶解後，加入優格與檸檬汁，整體混合均勻。
2 倒入琺瑯盒中，置於冷藏室30分鐘以上冷卻凝固。
3 將覆盆子醬所有材料置於耐熱容器中，蓋上保鮮膜以微波加熱30秒後，放涼備用。淋在以容器裝盛好的步驟**2**上享用。
*佐以橘子果醬、藍莓果醬、罐頭水果等都很美味。

濾水優格加上煉乳，
做成味道略顯濃郁的提拉米蘇風格點心，
也可以不撒上可可粉、充分享受紅茶的香氣。

優格紅茶提拉米蘇

材料（21×16.5×深度3㎝的琺瑯盒1個）

原味優格…120g
鮮奶油…100g
砂糖…20g
雞蛋…1個
煉乳（含糖）…1又½大匙
粉狀吉利丁…3g
水…1大匙

【紅茶液】
熱水…100ml
紅茶葉（茶包）…2袋（2大匙）*
砂糖…2小匙

手指餅乾…14片
可可粉…適量

*建議使用伯爵茶

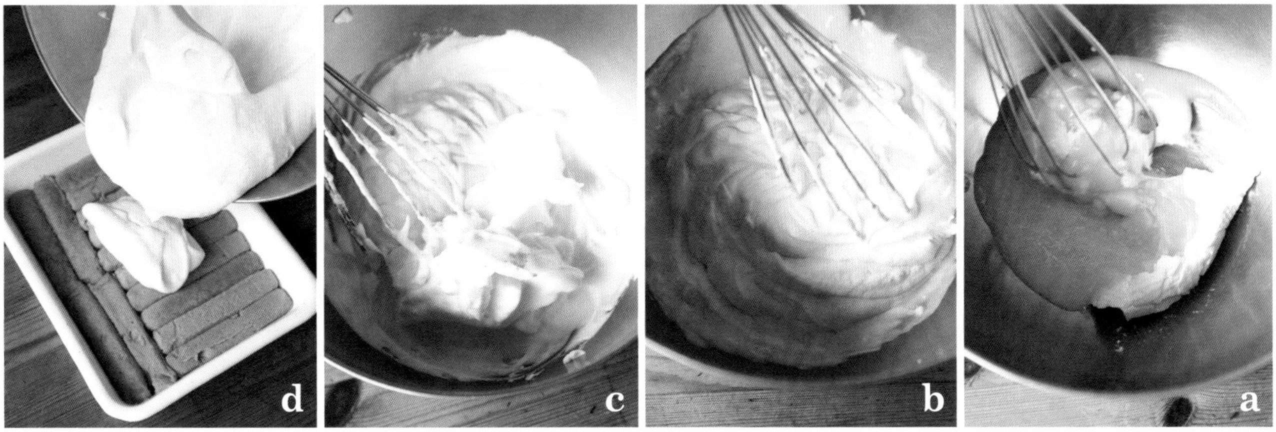

事前準備

- 將優格置於墊上廚房紙巾的濾網上，下方放置一個碗，靜置2~3個小時至一晚，可得到60g左右的濾水優格（請參考68頁）。
- 將吉利丁泡在水裡使其膨脹。
- 以熱水沖泡茶葉，燜10分鐘之後濾除茶渣，加入砂糖冷卻備用。

作法

1 將蛋白與蛋黃分開、各自放入不同的缽盆裡。蛋黃加入煉乳，隔水加熱（底部墊一盆熱水）以攪拌器打至呈白色乳霜狀。加入泡軟的吉利丁，充分溶解。

2 取另一缽盆放入濾水後的優格，加入步驟**1**的蛋黃後以攪拌器混合均勻（**a**），最後加入打至完全打發的鮮奶油混合均勻。（**b**）

3 蛋白使用攪拌器以高速打發，開始起泡後分三次加入砂糖，打成硬性發泡的蛋白霜，加入步驟**2**以攪拌器攪拌混合（**c**）。

4 將手指餅乾並排於琺瑯盒底部，淋上紅茶液放上步驟**3**（**d**）抹平。靜置於冷藏室中2個小時使其冷卻。享用前以茶篩篩上可可粉。

*紅茶液中添加1小匙蘭姆酒，製作好的乳霜僅以玻璃器皿裝盛享用也很美味。

黃桃優格冰砂

僅是將優格、鮮奶油、砂糖攪拌混合即可。
以香蕉等一年四季都可以取得的水果，
或者每一季的當季水果製作都很美味。

材料（21×16.5×深度3cm的琺瑯盒1個）

A
- 原味優格…250g
- 砂糖（或蜂蜜）…3大匙

鮮奶油…100ml
黃桃（罐頭）…½罐（120g）

事前準備

・黃桃濾除水分切成2cm大小塊狀。

作法

1 將材料A置於缽盆中，以攪拌器混合，少量多次加入鮮奶油攪拌均勻。

2 加入黃桃以橡皮刮刀混合均勻，倒入琺瑯盒中置於冷凍庫中1～2小時使其冷卻硬化。暫時自冰箱取出以叉子刮鬆攤平後，再放回冷凍庫冷卻1～2小時。

＊推薦以香蕉、草莓、芒果、白桃製作。

若山曜子

料理研究家。東京外國語大學法語系畢業後赴法留學，於法國藍帶 Le Cordon Bleu 與斐杭狄高等廚藝學校 Ecole Ferrandi 習藝，取得甜點、冰品、巧克力、糖果等國家資格（C.A.P）。在巴黎累積了點心製作經驗後返國，活躍於監修咖啡廳的菜單設計、雜誌與書本等食譜提案領域中。於自宅開設小班制點心與料理教室。著有『以一個磅蛋糕模做出各種蛋糕』（小刊社）、『常備法式美味』（河出書房新刊）等書，10月預定出版司康食譜。

http://tavechao.tavechao.com/

7

堅果點心

『dans la nature』千葉奈津繪老師

位於東京深大寺某間店鋪的櫥櫃裡，
陳列著樸素可愛的餅乾、馬芬等，
這些點心中，有許多使用了堅果製作。
在黃糖溫潤的甜味裡，
酥脆的口感、香氣四溢，
這令人回味無窮的秘密是⋯⋯？

◉ 全麥粉花生餅乾——作法請參考81頁

位於東京・吉祥寺與調布中間附近的地區，在住宅區中隱身了烘焙工房『dans la nature』。正如同店名〝自然之中〞，千葉老師的店就在穿越了一大片公園綠地的盡頭，店裡陳列櫃平均都會有20種左右的烘焙點心。

「我最喜歡堅果了，所以餅乾中添加了堅果的種類有很多。而水分比較多的磅蛋糕或馬芬，會加入水果乾或新鮮的水果。其中最受歡迎的是黑糖胡桃餅乾條。」

店裡販售的點心多含有堅果，也曾經有一位小女孩的客人，問我：「奈津絵姊姊，妳是不是很喜歡堅果呢？」

千葉奈津絵

1979年東京生。製菓專門學校畢業後，在烘焙與紅茶專門店任職製造勤務，2006年開始以「dans la nature」名稱開始製作烘焙點心。2006年起5年間在「nichinichi日曜市」（東京・國立市）等地，以販售馬芬等烘焙點心為主，獲得許多客戶喜愛。2012年於東京・調布市設立烘焙工作室。著有「dans la nature的烘焙課」（小刊社）、「桃樹・梨子樹・蘋果樹」（mille books）等書。
http://www.danslanature.net

店裡陳列櫃的另一側，是千葉老師的工作室。井然有序的空間，操作動線良好。這是一個懷抱著千葉老師的心願：「我想繼續經營著一個人也能做的好的店」的空間。

（→）在陳列櫃上方擺放著可以稱爲千葉老師代名詞的馬芬。希望大家都能在最美味的當日享用，所以這款商品僅在工房內販售。

（↑）餅乾、磅蛋糕、人氣商品的黑糖胡桃餅乾條等，添加了大量堅果，千葉老師的手工點心。帶皮的杏仁片、胡桃等…被裝在大罐子裡儲存。

最喜歡堅果的千葉老師，收藏了核桃造型的蠟燭。這是住在京都蠟燭工藝師的友人所製作的，左側的核桃鉗，是在跳蚤市場購得的純銅製品。

「我覺得每一樣點心，都應該要有特色，至少要有一項才行，也可以稱做是味道的風格。水果的酸味或者香料風味，或者堅果的口感都可以成爲特色重點，所以很常被用到。回想起來，我從孩提時代就很喜歡堅果，零食的核桃也是一口接著一口。與核桃相比，更喜歡澀味較少的胡桃，還有開心果，被開心果漂亮的綠色吸引。」

琺瑯盒也有很多，製作點心、麵糊或材料的保存，使用頻率非常高。

「也會用來烤布丁。自己本身很喜歡琺瑯。便於清洗，也不容易吸附味道，白色給人一種乾淨的感覺。直接可以端上桌也非常有魅力。跟鋁製的模具加熱的速度也差不多，我想很適合用來做爲烤模。」

這次所介紹的各式堅果點心，最重要的特色就是：所有的堅果都烤過才使用。雖然多了一道手續，但是透過烘烤堅果，香氣會大量釋放，風味也會特別好。此外，點心的甜味方面，主要使用黃糖與蜂蜜。全麥粉與燕麥片不僅好吃，也是對身體有益的食材，所以很常出現在千葉老師所製作的點心中。

「自家烘焙的點心，可以嚴選每一項素材，光是這一點就對身體很好，不添加任何多餘的東西，簡單製作。」

選擇好的素材，簡單樸素，但是卻非常美味。這也正是千葉老師所製作出的點心共通的魅力之處。

材料（21×16.5×深度3cm的琺瑯盒1個）

A
- 全麥粉：75g
- 低筋麵粉：40g

杏仁粉：30g
無鹽奶油：50g
含鹽奶油：50g
黃糖：70g（二砂等未精煉的砂糖）
雞蛋液：2大匙
花生：120g

全麥粉花生餅乾

花生先乾烤過，立刻充滿香氣，
盡可能的切成碎末，大量添加是訣竅。
像烤義式脆餅般（biscotti）烤二次，烤成酥脆的口感。

事前準備

- 花生以160℃烤箱溫度烤15分鐘左右，略微降溫後以手剝去外皮切成碎粒（**a**）。
- 奶油與雞蛋置於室溫下回溫。
- 低筋麵粉過篩。
- 將琺瑯盒鋪上烘焙紙。
- 烤箱以170℃預熱。

作法

1 將軟化的奶油、砂糖置於缽盆中，以橡皮刮刀壓鬆後以攪拌器攪拌均勻。加入蛋液攪拌至膨鬆，加入杏仁粉混合。

2 加入材料A以橡皮刮刀略微混合，粉類材料殘留不多時即可加入花生（**b**）。

3 倒入琺瑯盒中攤平（**c**），以170℃烤25分鐘後，將烤箱溫度降至160℃續烤10分鐘。至琺瑯盒中扣出，略微降溫後以刀子切成2×9塊，保留間隔並排於烤盤上（**d**），以160℃預熱的烤箱烤第二次12～15分，將斷面烤得酥脆。

＊麵糊倒入琺瑯盒後，以橡皮刮刀細心的整型，可使成品外觀更美觀。

核桃餅乾

帶著些許鹽味，並有著法式薄餅風格的滋味，
核桃去掉表面的薄皮，可以減緩苦味。
在完全冷卻前切塊，是切分時的重點。

材料（21×16.5×深度3cm的琺瑯盒1個）

A
- 低筋麵粉……100g
- 泡打粉……1小匙

無鹽奶油……50g
含鹽奶油……50g
黃糖……60g（二砂等未精煉的砂糖）
蛋黃……1個
核桃……50g

事前準備

- 將核桃以160℃烤箱溫度烤10分鐘左右，略微降溫後以手剝去薄皮切成碎末。
- 奶油與蛋黃置於室溫下回溫。
- 將琺瑯盒鋪上烘焙紙。
- 烤箱以170℃預熱。

作法

1 將軟化的奶油、砂糖置於缽盆中，以橡皮刮刀壓鬆後以攪拌器攪拌均勻。加入蛋黃攪拌至膨鬆。

2 篩入材料A以橡皮刮刀略微混合，粉類材料殘留不多時加入核桃。

3 倒入琺瑯盒中攤平，以170℃烤15分鐘後，將烤箱溫度降至160℃烤15分鐘。至琺瑯盒中扣出，略微降溫後以刀子切成1.5cm寬的塊狀。

杏仁薄片佛羅倫汀（florentins）

將堅果裹上奶油糖漿，
倒在餅乾麵糊上烤製，
又香又黏，讓堅果有了最美好的滋味。

材料（21×16.5×深度3cm的琺瑯盒1個）
低筋麵粉：：50g
杏仁粉：：30g
含鹽奶油：：45g
黃糖：：30g（二砂等未精煉的砂糖）
蛋液：：1大匙
香草豆莢（如果有得話）：：¼根

【配料】
杏仁片：：50g
無鹽奶油：：25g
黃糖：：20g（二砂等未精煉的砂糖）
鮮奶油：：1又½大匙
蜂蜜：：1大匙

事前準備

- 杏仁片以160℃烤箱溫度烤10分鐘左右，烤至表面略略上色。
- 麵糊用奶油與蛋液置於室溫下回溫。
- 將琺瑯盒鋪上烘焙紙。
- 烤箱以170℃預熱。

作法

1 將軟化的奶油、砂糖、香草豆莢（縱切對半後，刮取出香草籽），置於缽盆中以橡皮刮刀壓鬆，再以攪拌器攪拌均勻。加入蛋液攪拌至膨鬆，最後加入杏仁粉攪拌均勻。

2 篩入低筋麵粉以橡皮刮刀略微混合，倒入琺瑯盒中攤平，以170℃烤7分鐘左右。暫時自烤箱中取出，以叉子均勻的戳出孔洞，放入烤箱接著烤8分鐘。

3 製作配料。將杏仁片以外的材料全部放入小鍋中，以小火加熱，一邊加熱一邊使用湯匙攪拌均勻，煮至濃稠後熄火，加入杏仁片與鍋中材料混合均勻（a）。將煮好的配料淋在步驟**2**上均勻的攤平後，以170℃烤箱烤10分鐘，接著將溫度調降至150℃繼續烤15分鐘左右。自琺瑯盒中扣出，略微降溫後切成方便取食的大小。

＊請注意混合配料時，如果動作太大會沾黏在鍋子裡，沾黏的部分會焦掉。

杏仁巧克力蛋糕

添加了杏仁粉的濃郁巧克力蛋糕，
佐以融化的巧克力與整顆杏仁，
蛋糕在冷卻之後可以切得比較漂亮。

材料（21×16.5×深度3cm的琺瑯盒1個）

A
- 糕點用巧克力（苦甜巧克力）…100g
- 無鹽奶油…30g
- 黃糖…30g（二砂等未精煉的砂糖）

B
- 牛奶…3大匙
- 雞蛋…1個
- 杏仁粉…40g

C
- 低筋麵粉…40g
- 泡打粉…½小匙

- 糕點用巧克力（苦甜巧克力）…15g
- 杏仁（整顆）…15粒

事前準備
- 將雞蛋置於室溫下回溫。
- 巧克力切成碎粒。
- 將琺瑯盒鋪上烘焙紙。
- 烤箱以170℃預熱。

作法

1 將材料A置於缽盆中，以隔水加熱的方式（請參考16頁），使其融化，依序加入材料B（蛋液分2次），每加入一次請混合均勻後再加入下一次。以攪拌器混合均勻。篩入材料C，以橡皮刮刀略事混合。

2 倒入琺瑯盒中整平，以170℃烤15~17分鐘左右，放涼。

3 以烤箱溫度160℃烘烤杏仁果20分鐘。烤好**2**的蛋糕體以3×5的方式切分，將烤好的杏仁果蘸上些許以隔水加熱融化的巧克力，再排放於蛋糕上。

椰子風味鄉村起司蛋糕

這是一道介於起司蛋糕與奶油蛋糕之間，
可以充分享受椰絲口感的烘焙點心，
推薦佐以果醬或水果一起享用。

材料（21×16.5×深度3cm的琺瑯盒1個）

A
- 鄉村起司cottage cheese（霜狀）…150g
- 無鹽奶油…60g
- 黃糖…60g（二砂等未精煉的砂糖）

B
- 低筋麵粉…120g
- 泡打粉…1小匙

椰子粉…40g
雞蛋…1個
黃檸檬汁…1小匙
裝飾用椰子粉…10g
草莓果醬…適量

事前準備

- 將鄉村起司、奶油、雞蛋置於室溫下回溫。
- 將琺瑯盒鋪上烘焙紙。
- 烤箱以170℃預熱。

作法

1 將材料A置於缽盆中，以橡皮刮刀混合攪拌後，以網狀攪拌器攪拌至膨鬆。依序加入蛋液（分三次加入）、椰子粉、檸檬汁混合均勻，每加入一項材料請充分攪拌後再加入下一項。

2 篩入材料B以橡皮刮刀略微混合均勻。倒入琺瑯盒中攤平，均勻撒上椰子粉。

3 以170℃烤20分鐘左右，出爐冷卻切塊，佐以草莓果醬享用。

＊享用時亦可佐以新鮮水果。以冷藏保存。

椰子粉是刮取下的椰肉乾燥後製成粉末，加在點心中會有沙沙的口感，切成細絲狀的稱爲椰絲。

核桃與燕麥片的快速麵包
（quick bread）

添加了燕麥片所產生的粗粒口感，
帶著肉桂香氣的美式蛋糕，
佐以濾掉水份的優格，便是一道美味的早餐。

材料（21×16.5×深度3cm的琺瑯盒1個）

A
- 低筋麵粉…90g
- 泡打粉…1小匙
- 肉桂粉…½小匙

B
- 燕麥片…75g
- 牛奶…5大匙

- 無鹽奶油…125g
- 黃糖…75g（二砂等未精煉的砂糖）
- 雞蛋…1個
- 核桃…100g
- 裝飾用燕麥片…15g

事前準備

- 將核桃以160℃烤箱溫度烤10分鐘左右，略微降溫後以手剝碎去除薄皮，切成5mm大小。
- 奶油與雞蛋置於室溫下回溫。
- 材料B混合均勻靜置10分鐘備用。
- 將琺瑯盒鋪上烘焙紙。
- 烤箱以170℃預熱。

作法

1 將軟化的奶油、砂糖置於缽盆中以橡皮刮刀壓鬆後，以攪拌器攪拌均勻。加入蛋攪拌至膨鬆，最後加入材料B攪拌均勻。

2 篩入材料A以橡皮刮刀略微混合，粉類材料殘留不多時，加入核桃略微混合。

3 倒入琺瑯盒中攤平，均勻撒上燕麥片，以170℃烤20～22分鐘左右。

＊剛出爐趁熱享用最美味。佐以濾掉水份的優格或打發的鮮奶油也很不錯。

關於本書中所使用的琺瑯盒

本書中所介紹的所有點心，均以野田琺瑯的『cabinet size』製作。爲一般家庭 2～4人份適合的尺寸。亦可使用大小相近的不鏽鋼琺瑯盒製作。

純白的琺瑯盒，不論是用來製作何種點心都有加分的效果，做好之後直接端上桌也不錯。琺瑯盒規格有分 12 取、15 取、18 取、21 取、手扎等共計 6 種。亦有象牙色的產品。日幣 1000（含稅）

●使用方法

所謂的琺瑯是在鐵或者鋁等金屬表面上一層琺瑯質的釉藥，以高溫燒製而成。表面這一層琺瑯質是在850℃高溫爐中上釉，所以非常耐熱，當然也可以直接於爐火上使用。而烤箱溫度200～300℃也沒有問題。但是請注意由於內部爲金屬材質，所以不能使用微波爐加熱。除了耐熱以外，不容易沾附味道、抗酸性強是琺瑯的特徵。所以如果是氣味較強烈、使用酸味較強的，或是果醬製作成點心，都可以保持製作時的狀態穩定。

●保養方法

使用完畢之後，使用一般洗碗精與海綿就可以簡單的清洗乾淨。瀝乾之後乾燥收納。使用金屬製的刷子或研磨粉容易讓琺瑯產生損傷。不小心摔落或空燒是造成表面琺瑯破損的原因。使用時請溫柔輕放。

●販售點

日本全國的百貨公司與點心材料行，生活雜貨店均售。

●商品相關詢問

野田琺瑯株式會社
03-3640-5511
http://www.nodahoro.com

Joy Cooking

一個琺瑯盒－無奶油安心甜滋味

作者　渡辺真紀、中川多磨、『蛙食堂』松本朱希子、桑原奈津子
　　『tiroir』高吉洋江、若山曜子、『dans la nature』千葉奈津絵

翻譯　許孟菡

出版者 / 出版菊文化事業有限公司　P.C. Publishing Co.

發行人　趙天德

總編輯　車東蔚

文案編輯　編輯部　美術編輯　R.C. Work Shop

台北市雨聲街77號1樓

TEL：(02)2838-7996　　FAX：(02)2836-0028

法律顧問　劉陽明律師　名陽法律事務所

初版日期　2015年12月

定價　新台幣280元

ISBN-13：9789866210402　　書　號　J112

アートディレクション・デザイン／川添 藍
撮影／三村健二（4～19、30～63ページ）
　　福尾美雪（1～5、20～29、64～88ページ）
取材／久保木薫　校閲／滄流社　編集／足立昭子

一個琺瑯盒－無奶油安心甜滋味

渡辺真紀、中川多磨、『蛙食堂』松本朱希子、桑原奈津子、『tiroir』高吉洋江、若山曜子、『dans la nature』千葉奈津絵　著　初版．臺北市：出版菊文化，2015[民104]　88面；21×27.5公分．----(Joy Cooking系列；112)

ISBN-13：9789866210402

1. 點心食譜　427.16　104024383

讀者專線　(02)2836-0069

www.ecook.com.tw

E-mail　service@ecook.com.tw

劃撥帳號　19260956 大境文化事業有限公司